ZHU FANZHI
JINENG SHOUCE

猪繁殖技能手册

全国畜牧总站　组编

中国农业出版社
北京

编写人员

主　　编　田见晖　王志刚　田　莉

副 主 编　王　栋　刘　彦　宋　真

参　　编（按姓氏笔画排序）

白佳桦　冯　涛　孙德林

张守全　陆　健　秦玉圣

黄萌萌

前言

PREFACE

我国是生猪生产大国与猪肉消费大国，但不是养猪生产强国，我国生猪养殖规模约占世界养殖量的一半，猪肉产量占肉类总产量的 63%，养猪生产在畜牧业生产乃至国民经济中地位越来越重要，是满足城乡居民菜篮子需求的重要保障。

近年来，我国养猪生产发展迅速，规模化养殖已成为养猪生产的主体。但是我国养猪整体生产水平与发达国家相比还有一定差距，母猪年提供产活仔猪数或断奶仔猪数等亟待提高，母猪繁殖技术问题不仅影响养殖生产效率，还直接影响全场猪群生产管理水平。

为提高养猪生产规模化、标准化、专业化水平，按照全国农业行业职业技能大赛（家畜繁殖员）的需要，全国畜牧总站组织国内有实践经验的专家编写了本书，以期为基层家畜繁殖员、技能大赛参赛选手及相关人员提高其理论水平和实际操作能力提供帮助。

编者基于国内养猪生产现状，结合国内外繁殖技术发展实际，从理论到生产实践环节系统介绍了猪繁殖技术及相关理论，包括生殖器官、生殖激素、发情鉴定、人工授精、妊娠诊断、繁殖管理、繁殖障碍疾病、定时输精等内容。全书图文并茂，通俗易懂，技术可操作性强，便于学习掌握。

本书在编写过程中得到了中国农业大学、中国农业科学院北京畜牧兽医研究所等单位专家团队的大力支持，在此一并表示感谢。

编　者

2020年6月

目录
CONTENTS

第一章 CHAPTER 1
猪的生殖器官与生理功能

[简介] 了解公、母猪生殖器官解剖和组织结构，熟悉其生理功能，是掌握母猪繁殖规律、正确应用繁殖技术的基础。本章介绍公、母猪生殖器官的结构和功能及生殖器官的发生与分化。

一、公猪生殖器官与生理功能

公猪的生殖器官包括：①睾丸；②输精管道，包括附睾、输精管和尿生殖道；③副性腺，包括精囊腺、前列腺和尿道球腺；④阴茎（图 1-1）。

（一）睾丸

睾丸是具有内、外分泌双重机能的性腺，为长卵圆形，长轴倾斜，前低后高。睾丸在胎儿期的一定时期，由腹腔下降入阴囊内，分散在阴囊的两个腔。如果成年公猪一侧或者两侧睾丸未下降入阴囊，称为隐睾。隐睾睾丸的分泌机能虽未受到损害，但由于睾丸对温度的特殊要求不能得到满足，从而影响生殖机能。如系双侧隐睾，虽然公猪有一定性欲，但无生殖力。

1. **结构**　睾丸的表面覆盖浆膜，其下为致密结缔组织构成的白膜，从睾丸和附睾头相接触一端，有一结缔组织索伸向睾丸实质，构成睾丸纵隔，由它向四周发出许多放射状结缔组织直达白膜，称为中隔。它将睾丸实质分成许多椎体形的小叶称为睾丸小

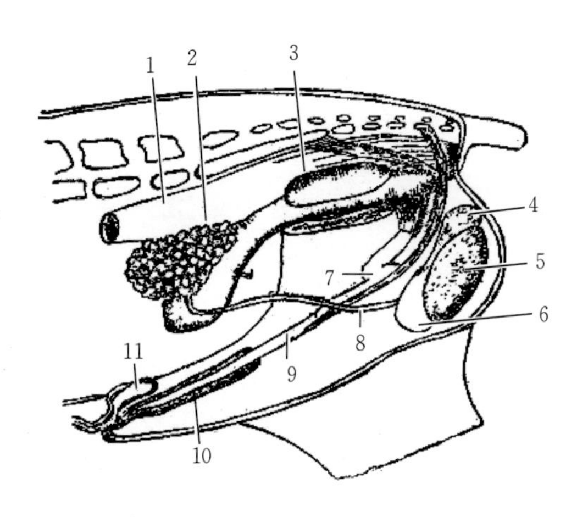

图 1 - 1　公猪生殖器官

1. 直肠　2. 精囊腺　3. 尿道球腺　4. 附睾尾　5. 睾丸　6. 附睾头
7. S 状弯曲　8. 输精管　9. 阴茎　10. 阴茎游离端　11. 包皮憩室
（引自朱士恩，2009）

叶。小叶尖端朝向睾丸的中央，每个小叶由 2～3 条非常细而弯曲的曲精细管构成。曲精细管的直径为 0.1 ～0.3 mm，管腔直径 0.08 mm，腔内充满液体。曲精细管在各小叶的尖端先后各自汇合成直精细管，穿入睾丸纵隔结缔组织内，形成弯曲的导管网，叫睾丸网。睾丸网最后分出 10～30 条睾丸输出管形成附睾头（图 1 - 2）。

2. 机能

（1）生精机能（外分泌机能）　曲精细管的生殖细胞经过多次分裂后形成精子。精子随精细管中的液流输出，并经直精细管、睾丸网、输出管而至附睾。

（2）分泌雄激素（内分泌机能）　间质细胞分泌的雄激素（睾酮），能激发公猪的性欲及性兴奋，刺激第二性征，刺激阴茎及副性腺发育，维持精子发生及附睾中精子的存活。

（二）附睾

1. 结构　附睾附着于睾丸的附着缘，分头、体、尾部分。睾

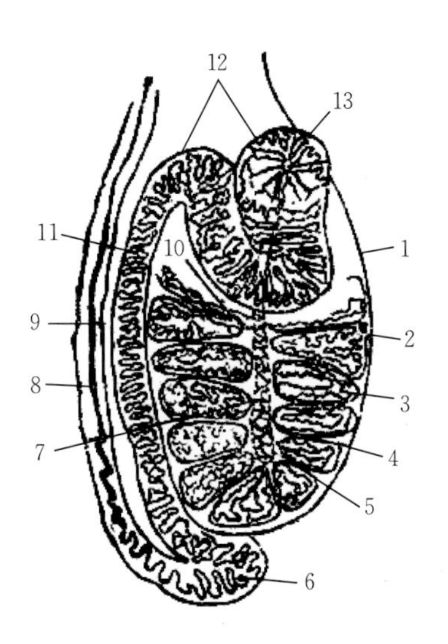

图 1-2 睾丸及附睾的组织构造

1. 睾丸 2. 曲精细管 3. 小叶 4. 中隔 5. 纵隔 6. 附睾尾 7. 睾丸网 8. 输精管 9. 附睾体 10. 直精细管 11. 附睾管 12. 附睾头 13. 输出管

（引自朱士恩，2009）

丸输出管在附睾头部汇成附睾管。附睾管极度弯曲，其长度为12～18 m，管腔直径为 0.1～0.3 mm。管道逐渐变粗，最后过渡为输精管。附睾管壁很薄，其上皮细胞具有分泌作用，分泌物呈弱酸性，同时具有纤毛，能向附睾尾方向摆动，以推动精子移行。附睾尾部很粗大，有利于贮存精子。附睾管的管壁包围一层环状平滑肌，在尾部很发达，有助于附睾管在收缩时，将浓密的精子排出。

2. 机能

（1）精子成熟的场所 附睾是精子最后成熟的场所，睾丸曲精细管生产的精子刚进入附睾头时，形态尚未发育完全，此时活动微弱，没有受精能力。精子通过附睾管时，附睾管分泌的磷脂及蛋白质，形成脂蛋白膜，附在精子表面将精子包起来，能在一定程度上防止精子膨胀，也能抵抗外部环境的不良影响。精子通过附睾管时，获得负电荷，可以防止精子彼此凝集。

（2）贮存精子 在附睾内贮存的精子，60 d 内具有受精能力，如贮存过久，则精子活力降低，畸形精子及死精子增加，最后死亡精子被吸收。因此，长期不配种的公畜，第一、二次采得的精液，会有较多衰弱和畸形的精子。反之，如果配种频繁，则会出现不成熟的精子，故需要很好掌握配种、采精频率。精子能在附睾内长期贮存的原因尚不完全清楚，但一般认为，是由于附睾管上皮的分泌作用能供给精子发育所需的养分；附睾内 PH 为弱酸性（6.2～6.8），可抑制精子活动；附睾管内的渗透压高，精子发生脱水现象，导致精子缺乏水分，故不能运动；附睾温度也较低。这些因素可使精子处于休眠状态，减少能量的消耗，从而为精子的长期贮存创造条件。

（3）吸收作用 附睾头及附睾体的上皮具有吸收作用，吸收了大量来自睾丸的稀薄精液中的水分和电解质，致使附睾尾的精子浓度大大升高。

（4）运输作用 精子在附睾内主要靠纤毛上皮活动及附睾管平滑肌的蠕动作用才能通过附睾管。

（三）输精管

输精管是由附睾管延伸而来，沿腹股沟管到腹腔，折向后方进入盆腔。输精管是一条壁很厚的管道，主要功能是将精子从附睾尾部运送到尿道。输精管的开始部分弯曲，后即变直，到输精管的末端逐渐形成膨大，称为输精管壶腹部，其壁含有丰富的分泌细胞，在猪射精时具有分泌作用。输精管在接近膀胱括约肌处，通过一个裂口，进入尿道。输精管的肌层较厚，交配时收缩力较强，能将精子送入尿生殖道内。输精管壶腹部通常也贮存一些精子。

（四）副性腺

副性腺包括精囊腺、前列腺、尿道球腺。射精时，副性腺的分泌物与输精管壶腹部的分泌物混合在一起称为精清，与精子共同组成精液。

1. **精囊腺**　位于输精管末端的外侧，呈蝶形覆盖于尿生殖道骨盆部前端。分泌物为弱碱性、黏稠的胶状物质；含有高浓度的球蛋白、柠檬酸、酶及高含量还原性物质，如维生素C等；其分泌物中的糖蛋白为去能因子，能抑制顶体活动，延长精子的受精能力。精囊腺的主要生理作用是提供精子活动所需能源（果糖），刺激精子运动，其分泌的胶状物质能在母猪阴道内形成栓塞，防止精液倒流。

2. **前列腺**　位于精囊腺的后方，由体部和扩散部组成。体部为分叶明显的表面部分；扩散部位于尿道海绵体的尿道肌之间。前列腺的分泌物为无色、透明的液体，呈碱性，有特殊的臭味；分泌物含有果糖、蛋白质、氨基酸及大量的酶，如糖酵解酶、核酸酶、核苷酸酶、溶酶体酶等，对精子的代谢起一定作用；分泌物中还含有抗精子凝集素的结合蛋白，能防止精子头部互相凝集；还含有钾、钠、钙的柠檬酸盐和氯化物。前列腺分泌物的生理作用是中和阴道酸性分泌物，吸收精子排出的二氧化碳，促进精子的运动。

3. **尿道球腺**　位于尿生殖道骨盆部后端，是成对的球状腺体。猪的尿道球腺特别发达，呈棒状。尿道球腺分泌物为无色、清亮的水状液体，pH为7.5～8.5。尿道球腺分泌物的生理作用为在动物射精前冲洗尿生殖道内的剩余尿液；进入阴道后可中和阴道酸性分泌物。

（五）阴囊

阴囊是包被睾丸、附睾及部分输精管的袋状皮肤组织。其皮层较薄，被毛较少，内层为具有弹性的平滑肌纤维组织构成的肌肉膜。

正常情况下，阴囊使睾丸保持低于体温2～3℃的温度，这对于睾丸的生精机能十分重要。阴囊皮肤有丰富的汗腺，肌肉膜能调整阴囊壁的厚薄及其表面积，并能改变睾丸和腹壁的距离。气温高时，阴囊肌肉膜松弛，睾丸位置下降，阴囊散热表面积增加；气温低时，阴囊肌肉膜皱缩及提高肌收缩，使睾丸靠近腹壁，并使阴囊壁变厚，散热面积减小。

（六）尿生殖道、阴茎和包皮

尿生殖道是排精和排尿的共同管道，分骨盆部和阴茎两个部分。膀胱、输精管及副性腺均开口于尿生殖道的骨盆部。

阴茎是公畜的交配器官，分阴茎根、阴茎体和阴茎头三部分。猪的阴茎较细，在阴囊前形成S状弯曲，龟头呈螺旋状。阴茎勃起时，此弯曲即伸直。

包皮是由皮肤凹陷而发育成的皮肤褶。在阴茎不勃起时，阴茎头位于包皮腔内。猪的包皮腔很长，有一憩室，内含有异味的液体和包皮垢，采精前一定要对公猪的包皮部进行彻底清洁。

二、公猪生殖生理

（一）精子

1. 精子的发生 精子发生是指精子在睾丸内产生的全过程，包括精原细胞增殖、精母细胞的发育、精子细胞的形成和精子的变形等阶段。

（1）精原细胞的增殖 精原细胞位于睾丸精细管上皮的最外层，直接与精细管的基底膜相接触。精原细胞分为A型精原细胞（可分为A_0、A_1、A_2、A_3、A_4细胞类型）、中间型精原细胞和B型精原细胞。精原细胞通过有丝分裂不断增殖，A型精原细胞部分进入精子发生序列，形成精母细胞，部分形成干细胞。

（2）精母细胞的减数分裂 B型精原细胞经有丝分裂，形成初级精母细胞，位于精细管管腔的内侧。初级精母细胞经第一次减数分裂，形成两个次级精母细胞。次级精母细胞经历的时间很短，很快进行第二次减数分裂。一个次级精母细胞形成两个精子细胞。

（3）精子的形成 精子细胞形成后不再分裂，而在支持细胞的顶端、靠近管腔，经复杂的形态变化，形成蝌蚪状的精子。精子细胞的高尔基体形成精子的顶体系统，线粒体形成线粒体鞘，细胞质形成原生质滴（后脱落）。

在精子成熟过程中，精子产生了原生质滴，原生质滴位于头部和尾部的接合处。精子在附睾完成其成熟的过程中，原生质滴渐渐向尾部移动，最终脱离精子。因此，原生质滴的出现或消失是判断精子是否成熟的依据。如果8月龄以上公猪的精液中有20%的精子具原生质滴，可能意味着该公猪已经使用过度，应适当降低其使用强度。另外，高温、高湿的环境也会导致精子的原生质滴增加。如果一头后备公猪的精液中含有太多具原生质滴的精子，说明该公猪可能尚未完全性成熟，但如果10月龄以上公猪仍存在这种现象，则应从其他方面查找原因。

(4) 支持细胞　支持细胞又称为足细胞，其对精子的形成具有重要的生理作用，如支持作用；营养作用；精子变形；分泌雄激素结合蛋白（ABP）；清除作用（吞噬作用）；形成完整血生精小管屏障；合成抑制素；分泌睾丸液（图1-3）。

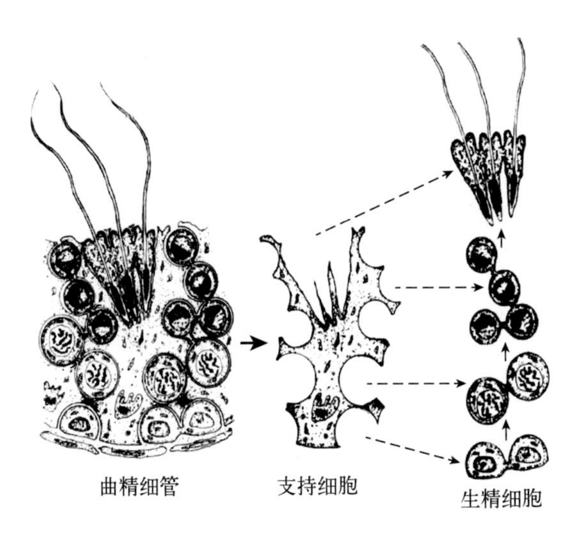

图1-3　曲精细管中精子的发生

（引自E. S. E. Hafez，1987）

综上所述，自 A_1 型精原细胞分裂开始，到精子形成并释放到管腔所需时间，公猪约为44 d。在诊断精子质量问题时，应注意的是疾病或其他应激损伤了精原细胞及未成熟精子，4～6周后这些精子仍会出现在精液中，这将大大地降低公猪的受精能力。

2. 精子的形态和结构 蝌蚪状的精子分为头、颈、尾三部分（图1-4）。

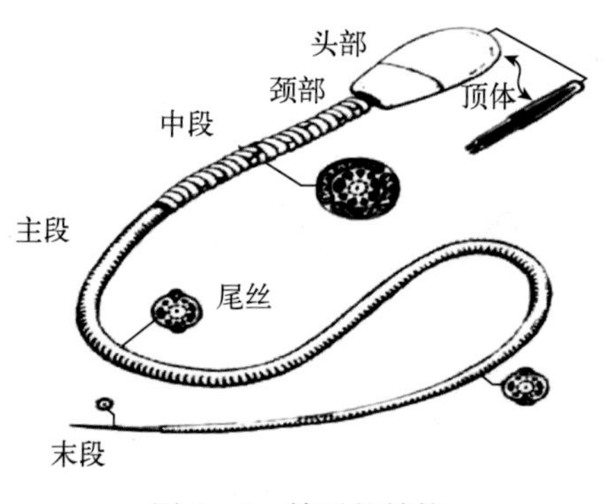

图1-4 精子的结构

（引自桑润滋，2002）

（1）头部 精子的头部呈椭圆形，主要由细胞核构成，其中含有高度浓缩的染色质，染色质由与DNA复合在一起的精蛋白构成。

头部被一双层囊状结构顶体覆盖，内含与受精过程有关的中性蛋白酶、透明质酸酶、穿冠酶、ATP酶及酸性磷酸酶等。顶体是一个相当不稳定的部分，容易变性和从头部脱落。如果顶体受损，精子就不再具有受精力，所以精液在进行稀释处理时应尽可能避免温度变化、pH变化及渗透压变化，因为这些都会损伤顶体。

（2）颈部 颈部位于头部之后，连接精子的头和尾，是精子最脆弱的部分，处理不当极易造成头尾分离，形成无尾精子。

（3）尾部 精子尾部又分为中段、主段和末段。

① 中段 位于颈部和环状部区域。外周由线粒体鞘、致密纤维及精子膜组成。线粒体变成螺旋状围绕颈部形成致密纤维，在中段有2条中心纤丝，周围由外圈较粗的9条和内圈的9对纤丝组成的同心圆环绕着。线粒体鞘消耗周围的能量物质，为精子运

动提供动力。

② 主段　位于中段与末段之间，是尾部最长的部分，没有线粒体的变形物环绕。在主段近中段端有 2 条中心纤丝、9 对和 9 条纤丝，但主段越向后，纤丝的直径差异就越小，最后外圈的纤丝消失，在外面有强韧的蛋白质膜包扎着。

③ 末段　是尾部的最末部分，仅由中心轴丝组成，其外覆盖有质膜。

精子的尾部是精子运动的动力所在。精子的运动不仅使精子从子宫颈到达输卵管，而且在受精过程中能推动精子头部进入卵子，不动的精子不具备受精力。尾部异常是精子发生过程中受到不良应激等造成的结果，通常表现为卷曲、双尾和线尾。不动精子也有可能是由于不当的处理和保存造成，弯尾常由温度或 pH 的突然变化所致。当精子受到机械应激或渗透压变化，也会导致精子的头部和尾部的断裂。因此，精子从采集开始直到输入母猪生殖道的整个过程中，应尽量减少影响精子受精能力的各种因素。

3. 精子的特性

(1) 运动能力　精子在附睾内贮存时活动力微弱，当射精时，精子与副性腺分泌物混合后就具备了活动能力。活动能力越强精子消耗的能量就越多，存活时间也就越短。

① 精子运动的方式　在光学显微镜下可以观察到以下精子的运动方式。

A. 直线运动　精子在适宜的条件下，以直线前进运动。在 40 ℃以下，温度越高精子直线前进运动速度越快。

B. 摆动　精子头部左右摆动，没有推进的力量。

C. 转圈运动　精子围绕一处作圆周运动，不能直线向前行进。

② 精子活率　指直线向前运动的精子占总精子数的百分率。分级按 0.0～1.0，或者 0～100%。新鲜精液的活率要求不低于 0.7。精子活率是经验性很强的指标，与精子的受精能力相关性很强。但精子活率是一个“质量指标”，不是“数量指标”，即将精液分为“好的”（活率≥0.7）和“差的”（活率<0.7），也就是说，

活率为0.8的精子的受精能力并不比活率为0.9的精子差，活率为0.4的精子的受精能力并不比活率为0.3的精子好。

③ 精子运动的特性

A. 向流性　在流动的液体中，精子表现出向逆流方向活动，并随液体流速运动加快，在雌性生殖道管腔中的精子，能沿管壁逆流而上。

B. 向浊性　在精液或稀释液中有异物存在时，精子有向异物边缘运动的趋向，其头部聚集在异物周围而死亡。精子的这一特性要求在处理精子时应注意：采精时应用精液过滤纸过滤，或用四层纱布过滤，且为一次使用，若多次使用将有过多的杂质进入精液；稀释液应溶解充分，不应有杂质或沉淀；添加的抗生素应为人用，且溶解度高；所有与精液接触的用具和容器应清洁干净。

C. 向化性　精子有趋向某些化学物质的特性，在雌性生殖道内的卵细胞可能分泌某些化学物质，吸引精子向其运动。

（2）渗透压对精子的影响　精子是特化的细胞，与血细胞一样要求所处的环境应为等渗，即渗透压为324 mOsmol/L，精子能忍受的渗透范围为±50%。如果液体的渗透压高，易使精子本身的水分脱出，造成精子皱缩；如果液体的渗透压低，水分就会渗入精子体内，使精子膨胀。因此，要求与精子接触的液体的渗透压为等渗，即精子不能与水（如自来水、矿泉水、蒸馏水等）直接接触；与精子接触的所有用具和容器应干燥。

（3）温度对精子的影响　高温使精子的代谢和活力增强，消耗能量加快，促使精子在短时间内死亡；低温使精子的代谢能力降低，活动力减弱。因此，保存精液要求温度较低；观察精子的活率要求有37℃恒温板预热，评定才较准确。

（4）pH　pH影响精子的代谢和活动力，偏酸性的环境，精子运动、代谢减弱，但维持生命时间延长；偏碱性的环境，精子活动能力和代谢能力提高，但精子存活时间显著缩短。

（5）离子浓度　离子浓度影响精子的代谢和运动，一般阴离子对精子的损害大于阳离子。在哺乳动物精子中，K^+比Na^+含量高，而在精清中则相反。精清中少量的K^+能促进精子的呼吸、糖酵解和运动；但高浓度的K^+对精子代谢和运动有抑制作用。PO_4^{3-}能抑制精子的呼吸和运动，SO_4^{2-}对精子的代谢没有影响。

(6) 稀释对精子的影响 采集到的精液可以进行适当稀释而不影响精子活率，但稀释时应从低倍到高倍渐近进行。若稀释倍数过高，精子表面膜将发生变化，可导致细胞通透性增加，对精子造成不良影响。

(7) 药物对精子的影响 在稀释液中加入抗生素，能抑制精液中病原微生物的繁殖，从而延长精子的存活时间；胰岛素能促进糖酵解，甲状腺素能促进氧的消耗、果糖的分解及葡萄糖的分解；睾酮、孕酮等能抑制精子的呼吸，在有氧的条件下能促进糖酵解。

有些药物能抑制和杀死精子，如酒精、高锰酸钾等消毒药物可直接杀死精子。因此，与精子接触的所有的用具和容器不能有消毒药物的残留。可见，精子非常脆弱，任何不利因素都可能杀死精子；而且，精子一旦形成，将不能合成自身组成成分。

(二) 精液

精液由精子和精清两部分组成。精子由睾丸产生，在附睾成熟和贮存；精清主要由尿道球腺、前列腺和精囊腺的分泌物组成，还有少量睾丸、附睾、输精管的分泌物。公猪射精分明显的三个阶段：首先，排出尿道球腺分泌液体，用于冲洗、滑润尿道，并中和阴道的弱酸性环境；然后，附睾尾排出高密度的精子，同时前列腺排出分泌物，混合后形成乳白色的精液；最后，精囊腺排出胶冻状分泌物，阻塞子宫颈口，减少精液倒流。公猪一次射精平均精液量为250 mL（150～500 mL），精子密度平均为2.5亿个/mL（1亿～3亿个/mL）。

1. 精清的主要化学成分和生理作用

(1) 主要化学成分

① 糖类 精清中含有的糖类主要是果糖，其来源于精囊腺。还含有几种糖醇，如山梨糖醇和肌醇，也来源于精囊腺。其中山梨

糖醇可氧化为果糖，被精子利用，而肌醇的含量高却不能被精子利用。

② 蛋白质和氨基酸　精清中蛋白质含量较低，一般为3%～7%；游离氨基酸可能成为精子有氧氧化的基质之一。精清中还含有对精子有保护作用的唾液酸和麦硫因。

③ 酶类　精清中含有多种酶，大部分来自副性腺，如乳酸脱氢酶。精清中的酶类是精子蛋白质、脂类和糖类分解代谢的催化剂。

④ 脂类　精清中的脂类物质主要是磷脂，如磷脂酰胆碱和乙胺醇等，主要来源于前列腺。其中的卵磷脂对延长精子的寿命和抗低温有一定保护作用。磷脂多以甘油磷酰胆碱的形式存在，来自附睾的分泌物，不能被精子直接利用，只有在母猪生殖道被其中的酶分解为磷酸甘油后，才能被精子用做能量物质。

⑤ 维生素和其他有机成分　精清中维生素的种类和含量与动物本身的营养和饲料有关。主要有维生素 B_1、维生素 B_2、维生素 C、泛酸和烟酸等。精清还含有柠檬酸、麦硫因和前列腺素等物质，对维持精液正常的 pH 和刺激母猪生殖道平滑肌的收缩有重要作用。

⑥ 无机离子　精清中的阳离子主要是 Na^+、K^+，还有少量的 Ca^{2+} 和 Mg^{2+}。主要的阴离子有 Cl^-、PO_4^{3-} 和 HCO_3^-，对维持精液的缓冲体系具有一定的调节作用。

（2）精清的生理作用　公猪精清占精液比例达93%，其主要生理作用有以下几个方面。

① 稀释来自附睾的浓密精子，扩大精液容量　公猪射精时，来自附睾的浓稠精液被副性腺分泌物稀释，不仅扩大精液容量，也降低精子黏滞度，促进精子的排出和在母猪生殖道的运行。

② 调整精液 pH，促进精子的运动　公猪射出的精液其 pH 高于附睾内的精液，为中性或弱碱性液体，pH 升高可以激活附睾内处于休眠状态的精子，使精子具有正常的运动能力和形式。

③ 为精子提供营养物质　精子主要的营养物质是在其与副性腺的分泌物混合后获得的。精清中的果糖、山梨糖醇和甘油磷酰胆

碱等，都是精子代谢的外源营养物质。

④ 保护精子　精清中的一些成分对精子有一定的保护作用，如柠檬酸盐和磷酸盐是精液中的重要缓冲物质；另有一些成分可能对防止氧化剂的损害和精子的凝聚有一定的作用。

⑤ 清洗尿道和防止精液逆流　尿道球腺在公猪射精时先分泌，有冲洗和润滑尿道的作用。精囊腺的分泌物呈凝胶状，是在自然交配时防止精液逆流的天然保护措施。

⑥ 中和阴道的弱酸性环境　精清呈弱碱性，可中和健康阴道的弱酸性环境，有利于精子向受精部位运动。

2. **精液的生物物理学特性**　精液生物物理学特性主要涉及精液的渗透压、pH、相对密度、透光性、导电性和黏度，为精液的体外处理和保存提供理论依据。

（1）渗透压　精液渗透压通常以渗压摩尔浓度表示，精清和精液的渗透压是一致的，约为 324 mOsmol/L。稀释精液时，稀释液配制应考虑渗透压的要求。

（2）pH　在附睾内的精子处于弱酸性环境，精子运动和代谢受到抑制，处于一种休眠状态。射精后，受 pH 偏高的副性腺分泌物的影响，精液的 pH 接近 7.0。一般情况下，猪精液偏碱性，若在体外停留，可能会受环境温度、精子密度、代谢程度等因素的影响，造成 pH 不同程度的降低。

（3）相对密度　精液的相对密度与精液中精子的含量有关，由于成熟精子的相对密度高于精清，精液相对密度一般略大于 1。有时精液中未成熟的精子比例过高，水分含量较大，也会使精液的相对密度降低。

（4）透光性　精液透光性主要受精液浑浊度的影响，精子的含量又与精液的浑浊度直接相关，因此可通过测定精液的透光能力判断精子含量，利用光电比色法测定精子密度。

（5）黏度　精液黏度与精子密度和精清中含有黏蛋白、唾液酸有关。精清的黏度大于精子，含胶状物多的精液其黏度相应增加。

（6）导电性　精液的导电性是由精液中的无机离子造成，无机离子含量越高，其导电性越强，因此可利用这一特性，通过测定精液导电性来估计精液中电解质的含量及其性质。

三、母猪生殖器官与生理功能

母畜生殖器官包括三部分：卵巢；生殖道，包括输卵管、子宫、阴道；外生殖器官，包括尿生殖道前庭、阴唇、阴蒂（图1-5）。

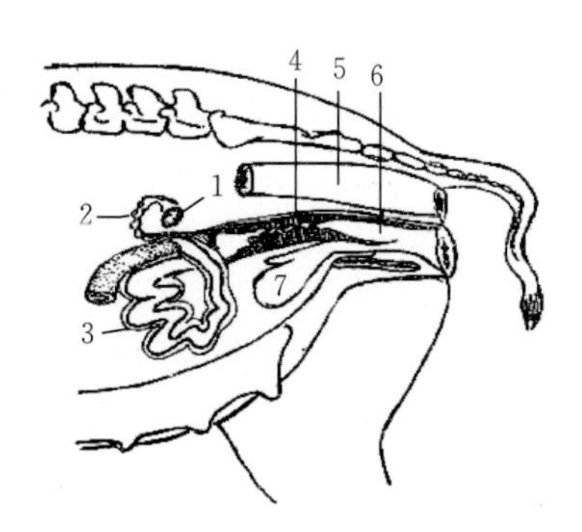

图1-5　母猪的生殖器官

1. 卵巢　2. 输卵管　3. 子宫角　4. 子宫颈　5. 直肠　6. 阴道　7. 膀胱

（引自朱士恩，2009）

（一）卵巢

1. **形态**　卵巢附在卵巢系膜上，其附着缘上有卵巢门，血管、神经由此出入。初生仔猪的卵巢类似肾脏，色红，一般左侧稍大；接近初情期时，表面出现许多小卵泡，很像桑葚；初情期和性成熟以后，猪卵巢上有大小不等的卵泡、红体或黄体突出于卵巢表面，凹凸不平，像一串葡萄。

2. **组织构造**　卵巢组织分皮质部和髓质部，外周为皮质部，中间为髓质部，两者的基质都是结缔组织。这种结缔组织在皮质的外面形成一层膜，叫白膜。白膜外盖有一层生殖上皮。皮质部有卵泡，卵子在卵泡中发育。髓质部内有大量的血管、淋巴管和神经（图1-6）。

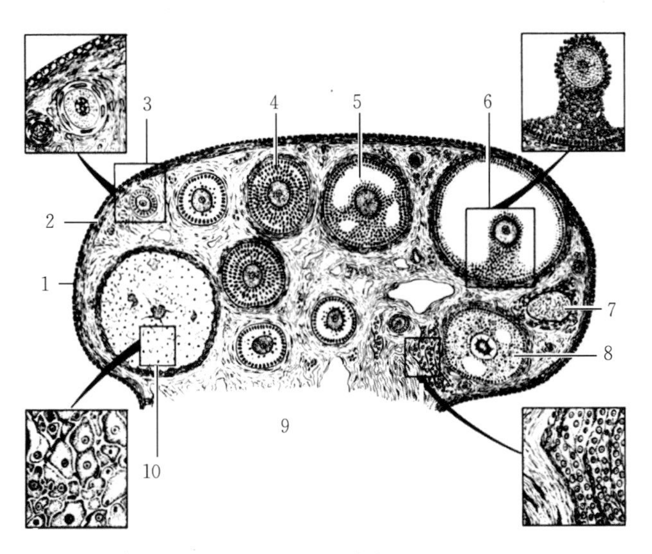

图 1-6 卵巢构造

1. 胚芽上皮 2. 白膜 3. 原始卵泡 4. 初级卵泡 5. 次级卵泡 6. 成熟卵泡 7. 白体 8. 闭锁卵泡 9. 卵巢门 10. 黄体

（引自 E. S. E. Hafez，1993）

3. 机能

（1）卵泡发育和排卵 卵巢皮质部的卵泡数量很多，主要是由卵母细胞和周围单层卵泡细胞构成的初级卵泡。卵泡经过次级卵泡、生长卵泡和成熟卵泡的发育阶段，最后形成卵子并排出。排卵后，在原卵泡处形成黄体。

（2）分泌雌激素和孕酮 在卵泡发育过程中，围绕在卵细胞外的两层卵巢皮质基质细胞形成卵泡膜，卵泡膜又可再分为血管性的内膜和纤维性的外膜。内膜可以分泌雌激素，一定量雌激素是导致母畜发情的直接因素。排卵后形成的黄体能分泌孕酮，其是维持妊娠必需的一种激素。

4. 生理性疾病

（1）持久黄体 未妊娠母猪卵巢上有大的黄体，表现为经产母猪断奶后不发情，或体重和年龄达到配种要求的后备母猪不发情。

肌内注射氯前列烯醇或律胎素，溶解持久黄体，即可达到诱导发情的作用。

（2）卵巢静止 未妊娠母猪卵巢上既没有大黄体，也没有大卵泡发育，表现为应配母猪不发情。肌内注射 P. G. 600 或孕马血清促性腺激素（pregnant mare serum gonadotropin，PMSG），诱导卵巢上大卵泡发育，恢复母猪发情。

（3）卵泡囊肿 母猪卵巢上有大的卵泡发育，但形成囊肿，不排卵。表现为母猪持续发情，配种后不受胎。处理方法是肌内注射注射用促黄体素释放激素 A3（LHRH－A3），或人绒毛膜促性腺激素（human chorionic gonadotropin，hCG），或大剂量的孕酮，诱使囊肿卵泡黄体化，1 周后以氯前列烯醇或律胎素处理溶解黄体，即可使母猪恢复发情。

（二）输卵管

1. 结构 输卵管是卵子进入子宫的通道，包在输卵管系膜内，长 10～15 cm，有许多弯曲。输卵管的前半部或前 1/3 段较粗，称为壶腹，是卵子受精的地方；其余部分较细，称为峡部；前端（卵巢端）接近卵巢，扩大呈漏斗状，叫做漏斗。漏斗边缘有许多皱褶和突起，称为伞，包在卵巢外面，可以保证从卵巢排出的卵子进入输卵管内。输卵管靠近子宫一端，与子宫角尖端相连并相通，称输卵管子宫口。输卵管的管壁从外向内由浆膜、肌肉层和黏膜构成，使整个管壁能协调收缩。黏膜上皮有纤毛柱状细胞，这种纤毛柱状细胞在输卵管的卵巢端更多。且具有一种细长能颤动的纤毛伸入管腔，能向子宫摆动。

2. 机能

（1）承受并运送卵子 卵巢排出的卵子被伞接受，借纤毛的活动将卵子运输到漏斗，送入壶腹。输卵管以分节蠕动及逆蠕动将卵子送到壶峡连接部。

（2）精子获能 在输卵管，精子完成获能，精子、卵子结合受精，以及卵裂。

(3) 分泌机能 输卵管的分泌细胞受卵巢激素影响，在母猪不同的生理阶段分泌量有很大变化；一般发情时分泌量增加。分泌物主要成分是黏蛋白及黏多糖，其是精子和卵子的运载工具，也是精子、卵子及早期胚胎的培养液。

3. 输卵管疾病 单侧输卵管阻塞表现为母猪产仔数较少；双侧输卵管阻塞时母猪发情正常，但不受胎，这样的母猪要及时淘汰。

（三）子宫

1. 结构 子宫包括子宫角、子宫体及子宫颈三部分。猪的子宫属双角子宫，子宫角形成很多弯曲，长1～1.5 m，形似小肠，两角基部之间的纵隔不明显，子宫体长3～5 cm。

子宫颈是阴道通向子宫的门户，前端与子宫体相通，为子宫内口，后端与阴道相连，为子宫外口。猪的子宫颈长达10～18 cm，内壁上有左右两排彼此交错的半圆形突起。子宫颈后端逐渐过渡为阴道，没有明显的阴道部（图1-7）。

2. 机能

（1）发情时，子宫借其平滑肌强而有力的有节律收缩作用，运送精子进入输卵管。分娩时，子宫阵缩排出胎儿。

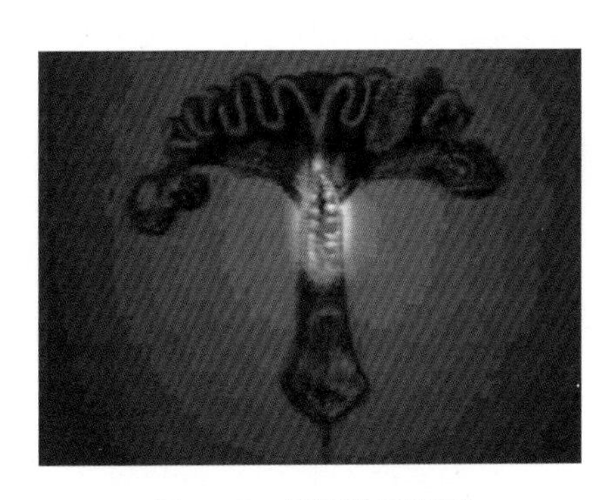

图1-7 母猪的子宫颈

（2）子宫是胎儿发育的场所。子宫内膜的分泌物和渗出物，可为精子获能提供条件，又可供给胚胎营养需要。妊娠时，子宫形成母体胎盘，与胎儿胎盘结合，成为胎儿与母体间交换营养和排泄的器官。

（3）对卵巢有一定影响。在发情季节，如母畜未妊娠，在发情周期的一定时期，子宫角内膜所分泌的前列腺素，对同侧卵巢的发情周期黄体有溶解作用。

（4）子宫颈是子宫的门户，在不同的生理状况下会收缩或松弛。子宫颈是经常关闭的，以防异物侵入子宫腔。母猪发情时子宫颈稍为开张，以利精子进入；妊娠时，子宫分泌黏液闭塞子宫颈管，防止感染物侵入；临近分娩时，子宫颈管扩张，以便胎儿产出。

3. **子宫疾病** 经产母猪易发生子宫炎，甚至后备母猪也出现子宫炎。母猪的子宫炎以预防为主，一旦发生，治愈可能性较小，最好的措施是及时淘汰。预防子宫炎的措施为：①防止妊娠后期出现便秘；②保证产房卫生；③注意接产技术；④减少冲洗子宫；⑤保证后备母猪和断奶母猪的卫生；⑥控制疾病，如伪狂犬病、细小病毒病、乙型脑炎和猪蓝耳病等；⑦采用一次性输精管；⑧注意采精、输精及配种卫生。

（四）阴道

阴道既是交配器官，又是分娩时的产道。阴道位于骨盆腔，背侧为直肠，腹侧为膀胱和尿道，呈一扁平缝隙。阴道前端连接子宫，后端连接尿生殖前庭，以尿道外口和阴瓣为界。猪阴道长度为10～15 cm。

生产中应防止产后阴道脱出体外，尤其是老龄母猪，一旦出现应及时分离出仔猪，将脱出阴道清洗后送回母猪体内，或将母猪淘汰。

（五）外生殖器官

外生殖器官包括尿生殖前庭、阴唇、阴蒂。

四、母猪生殖生理

（一）卵子

1. 卵子的发生

（1）卵原细胞的增殖 在胚胎期性分化之后，雌性胎儿的原始生殖细胞便分化为卵原细胞。卵原细胞与其他细胞一样含有高尔基体、线粒体、细胞核和一个或多个核仁，通过有丝分裂形成许多卵原细胞，称为增殖期。猪的增殖期为胚胎期 30 d 至出生后 7 d。卵原细胞增殖结束后，发育成为初级卵母细胞，并进入减数分裂前期休止，被卵泡细胞包围而形成原始卵泡。原始卵泡出现后，有的卵母细胞便开始退化，所以卵母细胞数量逐渐减少，最后能达到发育成熟并正常排卵的数量只是极少数。

（2）卵母细胞的生长　卵母细胞发育成为初级卵母细胞并形成卵泡后，初级卵母细胞体积增大，卵黄颗粒增多，卵泡细胞通过有丝分裂增殖，由单层变为多层，卵泡细胞分泌的液体聚积在卵黄膜周围，形成透明带。卵泡细胞为卵母细胞提供营养物质，为以后的发育提供能量来源。

（3）卵母细胞的成熟　包裹在卵泡中的卵母细胞是一个初级卵母细胞，在排卵前不久进行第一次减数分裂，排出有一半染色质及少量细胞质的极体，称为第一极体。而含大部分细胞质的卵母细胞则称为次级卵母细胞。第二次减数分裂时，次级卵母细胞分裂为卵细胞和一个极体，称为第二极体。第二次减数分裂是排卵后，在受精过程中完成。

猪在胎儿期，初级卵母细胞进行到第一次减数分裂前期不久，卵母细胞就进入持续很久的静止期，持续到排卵不久才结束，称为复始。排卵时母猪的卵子只完成第一次减数分裂，所以排出的是次级卵母细胞和一个极体。直到精子进入透明带，卵母细胞被激活后，排出第二极体，才完成第二次减数分裂。

2. **卵子的形态结构**　猪的正常卵子为圆形或椭圆形，直径为 120～140 μm。卵子主要结构包括放射冠、透明带、卵黄膜、卵黄和核等。

（1）放射冠　刚排出的卵子被数层放射冠细胞及卵泡液基质所包围，这些细胞的原生质伸出部分斜着或不定向地穿入透明带，并与卵母细胞本身的微绒毛相交织。排卵后，这些突起立刻回缩。另外，由于输卵管液含有的纤维蛋白溶酶的作用，使这些突起进一步收缩和退化，接着引起坏死现象，使卵泡细胞剥落，卵子裸露。

（2）透明带 透明带是卵泡细胞在卵泡发育过程中，分泌在卵母细胞周围均质而明显的半透膜，可被蛋白分解酶溶解。

（3）卵黄膜 卵黄膜是卵母细胞的皮质分泌物，具有与体细胞的原生质膜相同的结构和性质。

透明带和卵黄膜是卵子明显的两层被膜，具有保护卵子完成正常受精过程，使卵子有选择性地吸收无机离子和代谢产物，对精子具有选择作用等功能。

（4）卵黄 排卵时卵黄占透明带内大部分容积。精子和卵子结合后卵黄收缩，并在透明带和卵黄膜之间形成一个“卵黄周隙”，成熟分裂过程中卵母细胞排出的极体存在于此。

（5）核和核仁 核有明显的核膜，核内有一个或多个染色质核仁，核所含的DNA量很少。

（二）卵泡

1. 卵泡的发育

（1）卵泡的发育过程 猪在出生前卵巢就含有大量原始卵泡，但出生后随着年龄的增长，数量不断减少，在发育过程中大多数卵泡中途闭锁而死亡，只有少数卵泡才能发育成熟而排卵。

初情期前，卵泡虽能发育，但不能成熟排卵，当发育到一定程度时，便退化萎缩。到达初情期时，卵巢上的原始卵泡才通过一系列复杂的发育过程而达到成熟、排卵。

根据卵泡生长发育的阶段不同，可将其分为原始卵泡、初级卵泡、次级卵泡、三级卵泡及排卵前卵泡（图1-8）。

① 原始卵泡 排列在卵巢皮质外膜，其核为一初级卵母细胞，周围为一层扁平的卵泡上皮细胞，没有卵泡膜和卵泡腔。

② 初级卵泡 排列在卵巢皮质区外围，是由卵母细胞和周围一层卵泡上皮细胞组成。卵泡上皮细胞发育成立方形，周围包有一层基底膜，无卵泡膜和卵泡腔。有不少初级卵泡在发育过程中

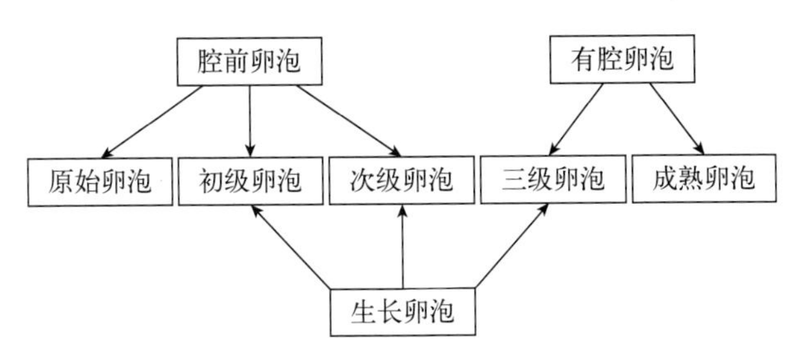

图 1-8　各种类型卵泡的相互关系

（引自朱士恩，2009）

退化消失。

③ 次级卵泡　初级卵泡进一步发育成次级卵泡。在生长发育过程中，次级卵泡移向卵巢皮质中央，这时卵泡细胞增殖，使卵泡上皮细胞变为复层不规则的圆柱状细胞。随着卵泡的生长，整个卵泡体积也变大，此时卵原细胞和卵泡上皮细胞共同分泌一层由黏多糖构成的透明带，聚积在卵母细胞表面、卵泡细胞之间，厚 3～5 μm。卵母细胞表面向透明带中伸出微绒毛，卵泡细胞也有凸起伸向透明带中，有利于卵母细胞获得营养和进行彼此之间的物质交换。

④ 三级卵泡　此时期卵泡细胞层的细胞分离，形成许多不规则的腔隙，其中充满着由卵泡分泌出来的卵泡液，以后各腔隙渐次互相汇合形成一个新月形的腔隙，称为卵泡腔。随着卵泡液的增加卵泡腔不断扩大，卵母细胞被挤向一边，并被包裹在一团卵泡细胞中。这个细胞团突出于卵泡腔内，状如半岛，称为卵丘。其余的卵泡细胞则紧贴于卵泡腔的周围，形成颗粒层，称为颗粒层细胞。卵的透明带周围有排列成放射状的柱状上皮细胞，形成放射冠，放射冠细胞有微绒毛伸入透明带内。

⑤ 排卵前卵泡　又称葛拉夫氏卵泡，由三级卵泡继续增大发育而成，其向卵巢髓质部扩张，并扩展到卵巢皮质的整个皮质部，突出于卵巢表面（图 1-9）。

在卵泡生长发育过程中，卵泡颗粒层外围的间质细胞分化为卵泡膜，卵泡膜分为内外两层，内膜为上皮细胞，富有许多血管和腺体，是产生雌激素的主要组织。外膜由纤维细胞构成。发育成熟的卵泡由外向内分为外膜、内膜、颗粒细胞层、透明带、卵细胞。猪成熟卵泡直径为 8～12 mm，每次排出 10～25 个卵子。

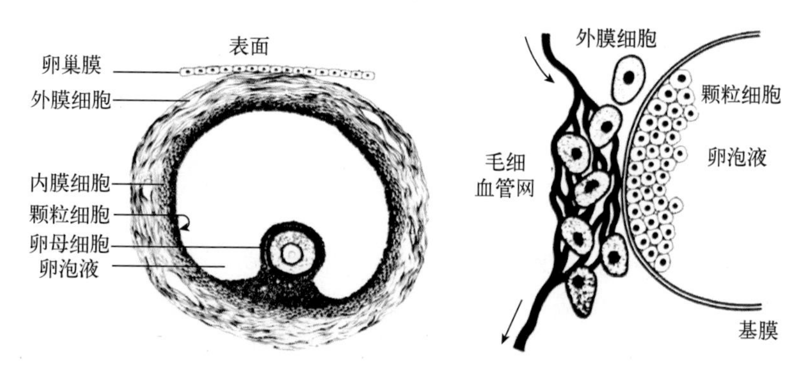

图 1－9　排卵前卵泡的结构

（引自 E. S. E. Hafez，1993）

（2）卵泡闭锁和退化　卵泡闭锁总是伴随卵泡生长而发生，贯穿于胚胎期、幼龄期和整个育龄期，在胚胎期和幼龄期，发动生长的卵泡注定全部闭锁，即使到育龄期，绝大多数生长卵泡也将在不同生长阶段闭锁，最终排卵的仅为极少数。卵泡闭锁的生理意义：①在胚胎期，闭锁卵泡的壁膜转变为卵巢的次级间质；②闭锁卵泡可产生某种能够发动原始卵泡生长的物质；③闭锁卵泡支持优势（发育）卵泡的生长和成熟。

2. **排卵**　猪属于自发性排卵的动物，即卵泡发育成熟后便自发排卵，排卵后形成黄体，在发情周期中其功能可维持一定时间。

卵的排出涉及卵母细胞的成熟、卵丘的游离、卵泡颗粒膜细胞的离散、卵泡膜胶原纤维的松解、卵巢白膜和生殖上皮的破裂等一系列生理过程，而且它们是按一定程序进行的。卵丘细胞分泌糖蛋白，形成一种黏稠物质，将卵母细胞及其放射冠包围，易于输卵管伞的接纳（图 1－10）。

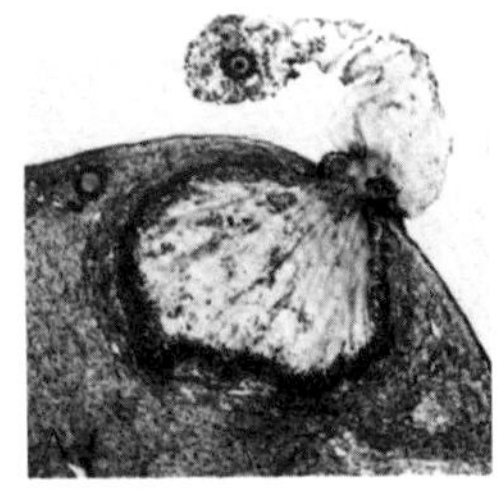
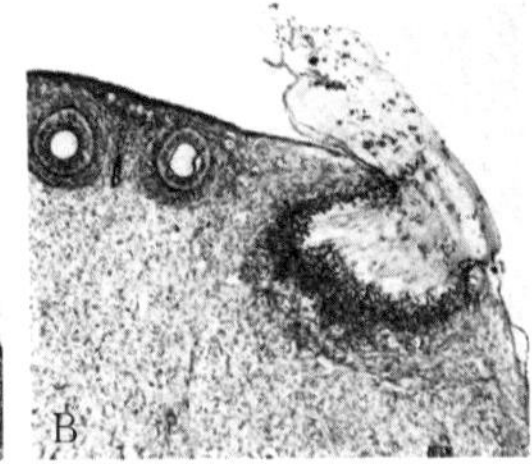
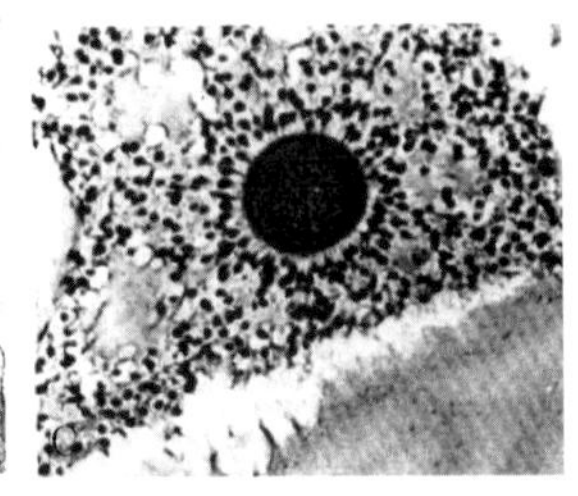

图 1-10 母猪的排卵过程
（引自 E. S. E. Hafez，1993）

排卵期多在静立发情开始后的 16～48 h。母猪的排卵过程是陆续的，从排第一个卵子到排最后一个卵子的间隔时间平均为 4～5 h，长的为 10～12 h（图 1-11）。

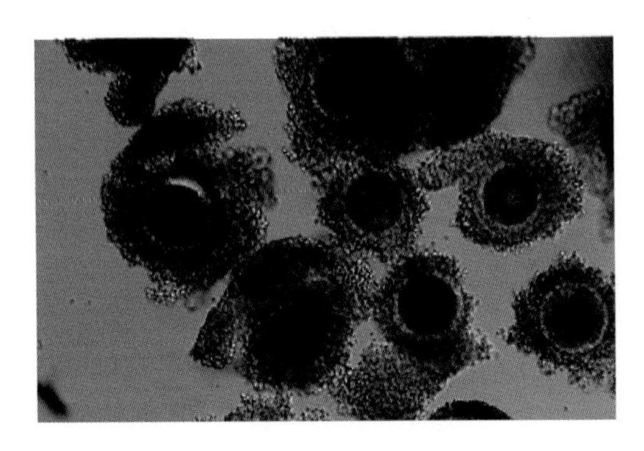

图 1-11 不成熟的卵母细胞

（三）黄体

排卵后，卵泡内膜细胞、颗粒细胞减少，原来卵泡液部分留下，卵泡膜血管由于负压而破裂流血，积于卵泡腔内，形成红体。颗粒细胞增大，在促黄体生成素（luteinizing hormone，LH）作用下，转变成黄体细胞，卵泡内膜分生出血管，布满发育中的黄体，为黄体提供营养和转运合成孕酮。卵泡内膜细胞多数退化，少数含脂质的卵泡内膜细胞移入黄体细胞之间，形成卵泡内膜来源的黄体细胞。原来卵泡外膜形成纤维性鞘膜，即黄体膜。

黄体主要分泌孕酮（孕激素）和松弛素，保证发情周期正常进行，或者保证妊娠母畜正常妊娠和分娩。

周期黄体的功能仅维持数十天，而后急剧变化，孕酮的合成和分泌急速减少，黄体功能的消退伴有明显的体积缩小。黄体退化是由于子宫内膜所产生的前列腺素（$PGF_{2\alpha}$）输送到卵巢所引起，前列腺素具有极强的溶黄体作用。

（四）受精

1. 配子的运行

（1）射精部位　公猪在交配过程中，精液直接射到子宫或子宫颈内。母猪没有明显子宫颈阴道部，使得精液能顺利射入子宫颈、子宫内。输精时，将输精管插到子宫颈 2～3 个皱褶位置，依靠子宫收缩产生负压将精液吸纳到子宫内。

（2）精子获能　精子在与卵子结合使卵子受精之前必须先在雌性生殖道内停留一段时间，并发生一系列生理性、机能性变化，才具有与卵母细胞受精的能力，这种现象称精子获能。公猪精子在母猪生殖道内的获能时间为 3～6 h。

（3）受精部位　在输卵管上 1/3 的壶腹部受精。

（4）顶体反应　精子获能之后，在穿越透明带前后，精子顶体开始膨大，精子质膜和顶体外膜开始融合，使精子顶体形成泡状结构，通过空泡间隙释放出透明质酸酶、放射冠穿透酶和顶体酶等，这些酶类可溶解卵丘、放射冠、透明带等，这一生理过程称为顶体反应。

（5）卵子接纳　排卵时输卵管伞部充血，并因伞部系膜的肌肉收缩与卵巢表面接触；卵巢依卵巢固有韧带收缩而围绕长轴转动，保护排出卵子进入伞部，这些活动受卵巢激素控制。

（6）卵子运动　卵子自身不会运动，主要靠输卵管纤毛摆动和输卵管液流动而运动。卵子在壶腹部运动较快。壶峡连接部，有小的生理括约肌（排卵后水肿），卵子在这个部位停留一段时间，等待精子进入卵子。卵子进入峡部受精能力下降，进入子宫后受精能力完全丧失。

（7）卵子在受精前的准备　母猪卵子在第二次减数分裂中期，等待精子入卵，入卵后激活卵子完成第二次减数分裂，放出第二极体。

（8）配子维持受精能力　公猪精子在母猪生殖道内维持受精能力时间为24～48 h，卵子为8～12 h。

2. 受精过程

（1）精子穿过放射冠　卵子周围被放射冠细胞包围，这些细胞以胶样基质粘连；精子发生顶体反应后，可释放透明质酸酶，溶解胶样基质，使精子接近透明带。

（2）精子穿越透明带　当精子与透明带接触后，有短期附着和结合过程，有人认为这段时间前顶体素转变为顶体酶。精子与透明带结合具有特异性，在透明带上有精子受体，只能识别同种动物精子，这一功能保证物种的延续性和纯洁性，避免种间远缘杂交。顶体酶将透明带溶出一条通道，精子借自身的运动穿过透明带。

（3）透明带反应　当第一个精子接触卵黄膜，激活卵子，同时卵黄膜发生收缩，释放一种物质（皮质颗粒），迅速传播卵黄膜表面，扩散到卵黄周隙，它能使透明带发生变化，拒绝接受其他精子入卵。透明带的这种变化称为透明带反应。猪的透明带反应不迅速，有额外精子进入透明带，则称为补充精子。

（4）精子穿过卵黄膜　精子头部接触卵黄膜表面，卵黄膜的微绒毛抓住精子头，然后精子质膜与卵黄膜相互融合形成统一膜覆盖于卵子和精子的外部表面，精子带着尾部一起进入卵黄，在精子头部上方卵黄膜形成一突起。

（5）卵黄封闭作用　又称多精入卵阻滞，当卵黄膜接纳第一个精子后，拒绝接纳其他精子入卵的现象称之为卵黄封闭作用。精子进入卵黄膜后，大量皮质颗粒聚集至卵黄膜，使之变性，拒绝其他任何精子穿过卵黄膜，严格控制多精入卵现象发生。

（6）原核形成　精子入卵后，引起卵黄紧缩，并排出少量液体至卵黄周隙；精子头部膨大，尾部脱落，细胞核出现核仁，并形成核膜，构成雄原核；由于精子入卵刺激，使卵子恢复第二次成熟分裂，排出第二极体，卵子核膜、核仁出现，形成雌原核。两原核同时发育，在短时间内体积增大20倍（图1－12）。

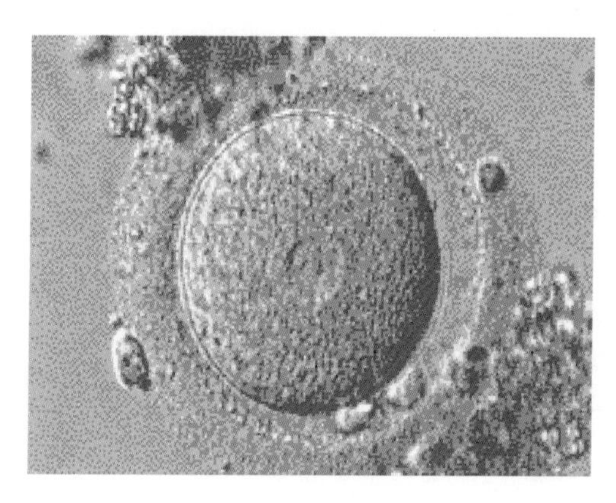

图1－12 受精卵

3. 早期胚胎发育

（1）卵裂 早期胚胎细胞有丝分裂是在透明带内进行，整个体积并未增加，这种分裂称为卵裂（图1－13和图1－14）。

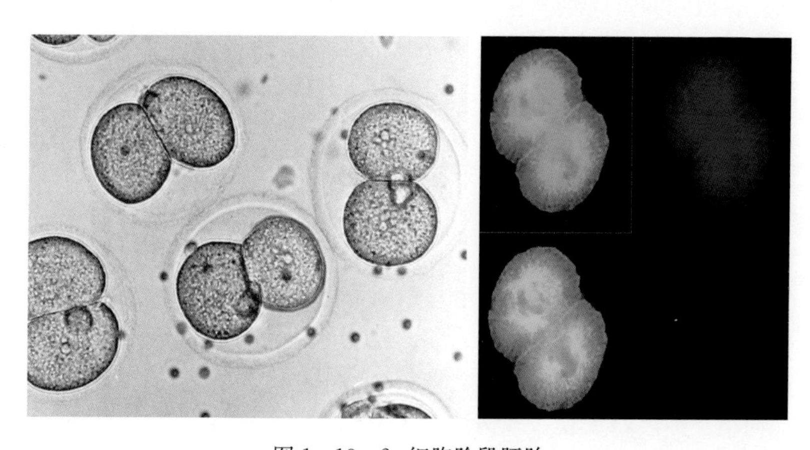

图1－13 2-细胞阶段胚胎

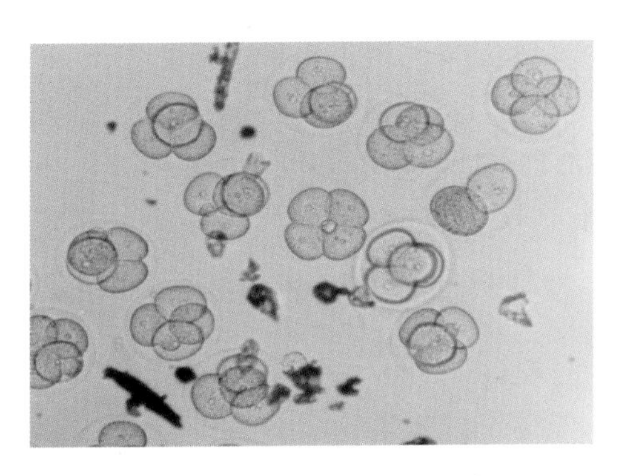

图 1-14　4-细胞阶段胚胎

(2) 桑葚期　早期胚胎卵裂至 32 细胞时，在透明带内形成致密细胞团，其形状像桑葚，称桑葚胚（图 1-15）。

(3) 囊胚期　桑葚胚进一步发育，细胞团中间出现充满液体小腔，这时胚胎叫囊胚，此时称囊胚期，这个腔称囊胚腔。胚胎由输卵管进入子宫（图 1　16、图 1-17 和图 1-18）。

(4) 内细胞团　分裂球含大量核蛋白、碱性磷酸酶，分裂缓慢，最终发育为胎儿本身。

(5) 滋养层　含有黏多糖类和酸性磷酸酶，细胞体积小，分裂快，发育速度快，最终发育成为胎儿的胎膜。

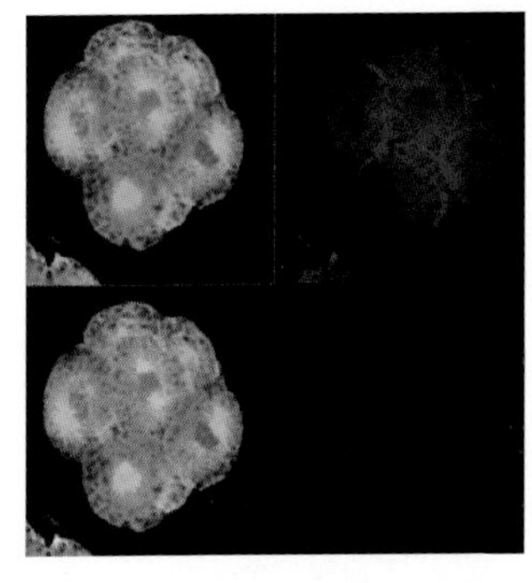

图 1-15　8-细胞阶段胚胎（桑葚胚）

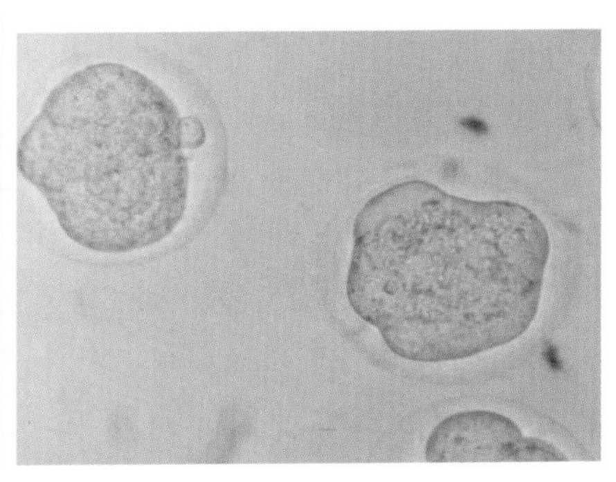

图 1-16　早期囊胚

（6）孵化 囊胚后期，由于细胞进一步分裂，体积增大，是囊胚从透明带中脱出的过程。

（7）原肠胚 囊胚后，胚胎器官分化之前，开始出现三个胚层，是未来器官发育的原基。

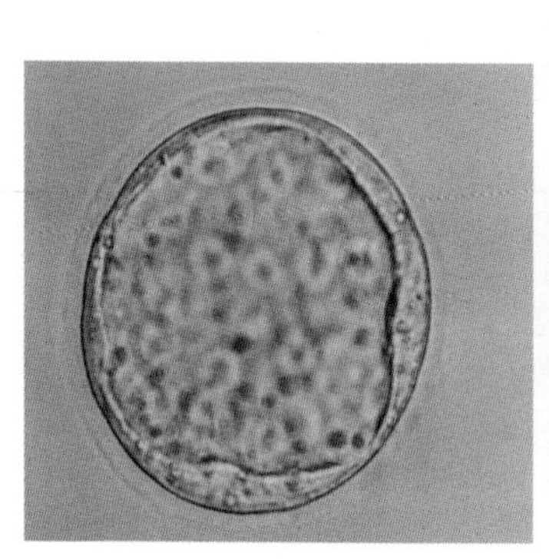

图 1－17 透明带中的囊胚

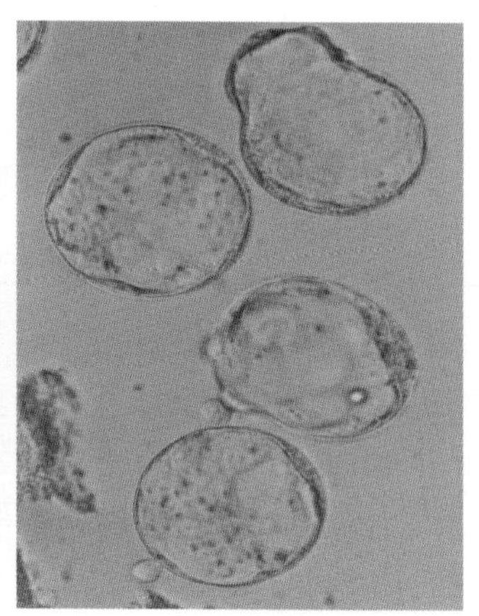

图 1－18 孵出中的囊胚

（五）妊娠

1. 妊娠识别

（1）概念 是指卵子受精后至胚胎附植之前，早期胚胎产生激素信号，传给母体，母体产生相应反应，识别胎儿存在，并与之建立密切联系的生物现象。

（2）识别信号 母猪配种后 11～14 d，胚胎可产生雌激素，是早期妊娠信号，可促进黄体功能，改变子宫分泌 $PGF_{2\alpha}$的去向，即从进入子宫静脉（入卵巢动脉、溶黄体）改变为流向子宫腔，这时 $PGF_{2\alpha}$由内分泌改变为外分泌。子宫腔内的 $PGF_{2\alpha}$有利于胚胎的着床。胎盘可分泌类似 hCG 的物质，促进黄体功能。

母猪在发情后的 11～14 d 接触到雌激素及其类似物如己烯雌酚之后，可引起配种未妊娠母猪和没有配种的母猪假妊娠；雌激素也使发育较快的早期胚胎分泌激素，用来抑制发育较慢的胚胎的发育，导致发育较慢的胚胎着床失败，从而达到发育较快的胚胎着床时有更好的生存空间和出生后有更多乳汁。因此，母猪在配种后早期（3周内）接触到雌激素或其类似物，将导致母猪假妊娠，同时导致着床胚胎数量下降，窝产仔数显著减少。建议母猪远离雌激素及其类似物如己烯雌酚。

2. 妊娠建立

（1）概念　随着孕体（胎儿、胎膜、胎水构成的综合体）和母体之间的信息传递和应答，使双方关系逐渐固定下来的生理过程。

（2）胚泡的附植（着床）　囊胚进入子宫角后，由于液体增多，迅速增大，当透明带消失后，囊胚变为透明的泡状，称为胚泡。胚泡在子宫内初期处于游离状态，以后凭借胎水的压力而使其外层（滋养层）吸附于子宫黏膜上，位置亦固定下来，滋养层逐渐与子宫内膜发生组织生理联系的过程叫做附植。附植部位具有如下特点：① 子宫血管稠密，可提供丰富的营养；② 距离均等，平均分布于两侧子宫角。

3. 胎盘和脐带

（1）胎盘　是指胎儿尿膜绒毛膜和妊娠子宫黏膜共同构成的复合体，前者称胎儿胎盘，后者称母体胎盘。猪的胎盘属于弥散型（上皮—绒毛膜胎盘），绒毛基本上均匀分布于绒毛膜上，绒毛膜伸入子宫上皮腺窝内，其特点为：分娩顺利，结构简单，联系松弛，易流产，产后子宫恢复较快。

（2）胎盘的功能　①交换功能，包括氧的获得、二氧化碳排出、营养物质的获得及代谢废物的排出；②产生激素，胎盘是一个临时性分泌器官，可分泌促性腺激素，如PMSG、hCG、PRC，类固醇激素如雌激素、孕激素等；③ 免疫功能，胎儿和胎儿胎盘对母体是异物，但并没有出现免疫排斥现象，显然胎盘是免疫保护器官。

（3）脐带　是胎儿与胎膜相联系的带状物，包括脐尿管、两条脐动脉、一条脐静脉、肉冻样间充质和卵黄囊组织遗迹，外有羊膜包被。

（六）分娩

1. 妊娠期　母猪妊娠期平均为 114 d。

2. 分娩预兆

（1）乳房　分娩前发育迅速，腺体充实，有些母猪的乳房底部出现浮肿。临近分娩时，可从乳头挤出少量清亮胶状液体或少量初乳，有的出现漏乳现象。

（2）外阴部　临近分娩前数天，阴唇皮肤皱襞展平，皮肤稍红，阴道黏膜潮红，黏液由浓厚黏稠变为稀薄、润滑。

（3）骨盆　母猪骨盆部韧带在临近分娩的数天内变得柔软松弛，由于骨盆韧带的松弛，臀部肌肉和尾根出现明显的塌陷现象。

（4）行为　母猪分娩前 6～12 h 有衔草做窝现象（在我国地方种猪尤为明显），出现食欲下降，行动谨慎小心，好待在僻静地方。

3. 分娩过程

（1）开口期　此期母猪只有阵缩而不出现努责。由于子宫颈的扩张和子宫肌的收缩，迫使胎儿和胎膜推向已松弛的子宫颈，开始时每 5 min 收缩 1 次，持续约 20 s，随时间进展，收缩频率、强度和持续时间增加。

（2）胎儿产出期　阵缩和努责共同作用，而努责是排出胎儿的主要力量，比阵缩出现晚、停止早。猪胎盘属于弥散型胎盘，胎儿与母体的联系在开口期不久就被破坏，切断氧的供应，应尽快排出胎儿，以免胎儿窒息。

（3）胎衣排出期　当胎儿排出后，母猪即安静下来，经过大约几分钟至十几分钟后，子宫主动收缩，有时还配合轻度努责而使胎衣排出。

母猪分娩时取侧卧，胎膜不露在阴门之外，胎水也少，当猪努责 1～4 次，即可产出一仔，两个胎儿娩出间隔通常为 5～20 min，产程一般 2～6 h，产后 10～60 min 从两个子宫角排出胎衣。

4. 分娩母猪护理

（1）要注意母猪外阴部的清洁和消毒。

（2）产后几天要供给质量好、易消化的饲料和清洁饮水。

（3）发生子宫脱垂、阴道脱垂、产后瘫痪要积极治疗，并定期观察。

5. 新生仔猪护理

（1）脐带结扎和护理。

（2）提供保温措施。

（3）及时吃到初乳。

（4）仔猪断齿、断尾，防止伤害母猪乳头和咬尾。

（5）补充铁剂和免疫接种。

思考题

1. 公猪主要生殖器官有哪些？其生理功能如何？

2. 精子发生的特点是什么？

3. 母猪主要生殖器官有哪些？其生理功能如何？

4. 卵泡发育和卵子发生的特点是什么？

5. 简述受精过程。

6. 简述母猪妊娠识别和着床特点及生产中妊娠母猪饲养管理注意事项。

7. 简述母猪分娩过程及护理要点。

第二章 CHAPTER 2
主要生殖激素及其生理作用

［简介］生殖激素是调控生殖器官发育和生殖活动的重要生物活性物质。本章重点介绍主要生殖激素的种类、生理作用，以及在发情、妊娠、分娩等主要生殖活动中这些激素的变化，激素间协同、颉颃作用，并简要介绍常用激素在母猪生产中的应用。

一、概念与原理

（一）激素概念及其生理作用特点

1. **概念** 是指由内分泌腺或内分泌细胞分泌的具有高效生物活性，经体液循环或空气传播等途径作用于靶组织，调节机体生理机能的微量信息传递物质或生物活性物质。激素可分为不同的类型，但具有共同的特征。

2. **生理作用特点**

（1）激素在血液中消失得很快，其作用要在若干小时或若干天后才能显示出来。

（2）少量的激素即可引起机体很大的生理变化。

（3）激素的作用具有一定的选择性，各种激素均有一定的靶组织（靶器官）。

（4）不同的激素之间具有协同或颉颃作用。

（二）生殖激素

生殖激素是指与生殖过程相关的激素，主要由下丘脑、垂体、性腺、胎盘等产生，作用于配子发生、排卵、受精、着床、妊娠、分娩等动物生殖过程的所有环节。把直接作用于生殖活动，并以调节生殖过程为主要生理功能的激素称为生殖激素，如促性腺激素释放激素、促性腺激素及性腺激素。

二、主要生殖激素及其生理功能与应用

（一）促性腺激素释放激素

促性腺激素释放激素（gonadotrophin releasing hormone，Gn-RH）主要由下丘脑特异性神经核合成，并以脉冲的方式释放到垂体门脉系统（图 2-1）。

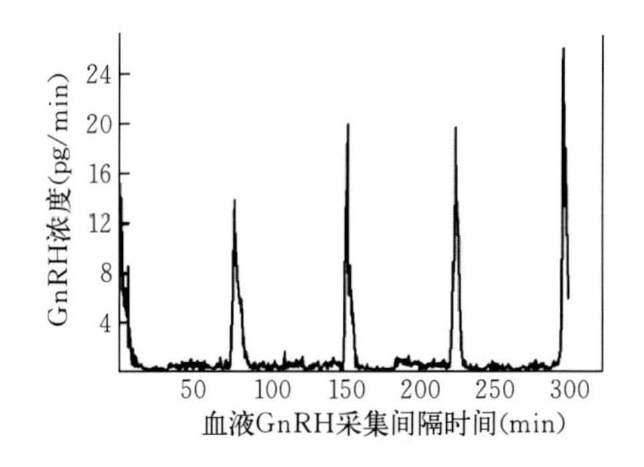

图 2-1 GnRH 脉冲释放模式

（引自：Moenter S. M.，1992）

由于促性腺激素释放激素同时对促黄体生成素和卵泡刺激素（follicle stimulating hormone，FSH）的合成和释放有促进作用，因此又称为促黄体素释放激素（LH-RH）或促卵泡素释放激素（FSH-RH）。哺乳动物 GnRH 具有相同的分子结构，是由 9 种氨基酸组成的直链式十肽化合物。天然 GnRH 在体内极易失活，半衰期为2～14 min，肽链中第 5、6 位和第 6、7 位及第 9、10 位氨基酸间的肽键极易水解。在这几个位点进行氨基酸取代后，形成了一系列 GnRH 类似物，可使其生物活性得到极大增强（图 2-2）。

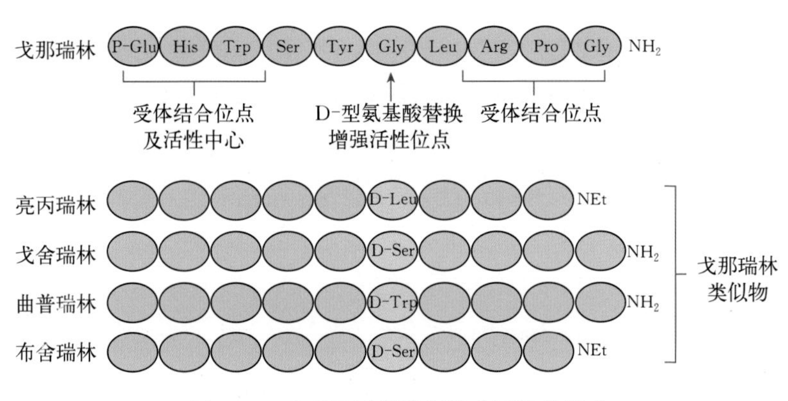

图 2－2　GnRH 及其类似物分子结构模式

（引自 Enrico Colli，2010）

1. GnRH 的生物学作用　GnRH 的生理作用无种间差异性，主要表现为促进垂体前叶促性腺激素合成和释放，其中以促进 LH 释放为主，也可以促进 FSH 的释放，但 FSH 分泌还有其他不同于 LH 分泌的调节机制。此外，GnRH 也可直接作用于性腺，但对性腺的作用是抑制性的。

2. GnRH 的应用

（1）生理剂量范围内，GnRH 及其类似物可促进 LH、FSH 的合成和释放。

（2）GnRH 或其激动剂类似物处理初情期前、产后乏情母猪，可促进母猪发情并排卵。

（3）母猪处于发情期，注射该激素可增加排卵数和窝产仔数。

（4）在黄体期内大剂量或持续使用 GnRH 时，具有溶解黄体的作用，进而控制母猪同期发情。

（5）治疗卵泡囊肿和排卵异常。

（6）治疗公猪性欲减弱或精液品质下降等。

（7）GnRH 与适当大分子载体耦联后对公猪进行免疫，可诱导机体产生特异性抗体，中和内源 GnRH，导致垂体接受 GnRH 的刺激减弱，从而使性腺发生退行性变化，达到去势的目的。

（二）催产素

催产素（OXT）是由下丘脑合成、经神经垂体释放进入血液循环的一种神经激素，是第一个被测定出分子结构的神经肽。

1. OXT 的生物学作用

（1）对子宫的作用 在母猪分娩过程中，催产素刺激其子宫平滑肌收缩，促进分娩。

（2）对乳腺的作用 在生理条件下，催产素是引起排乳反射的重要环节，在哺乳（或挤乳）过程中起重要作用。催产素能强烈地刺激乳腺导管肌上皮细胞收缩，引起排乳。

（3）对卵巢的作用 卵巢黄体局部产生的催产素可能有自分泌和旁分泌调节作用，促进黄体溶解（与子宫前列腺素相互促进）（图 2－3）。

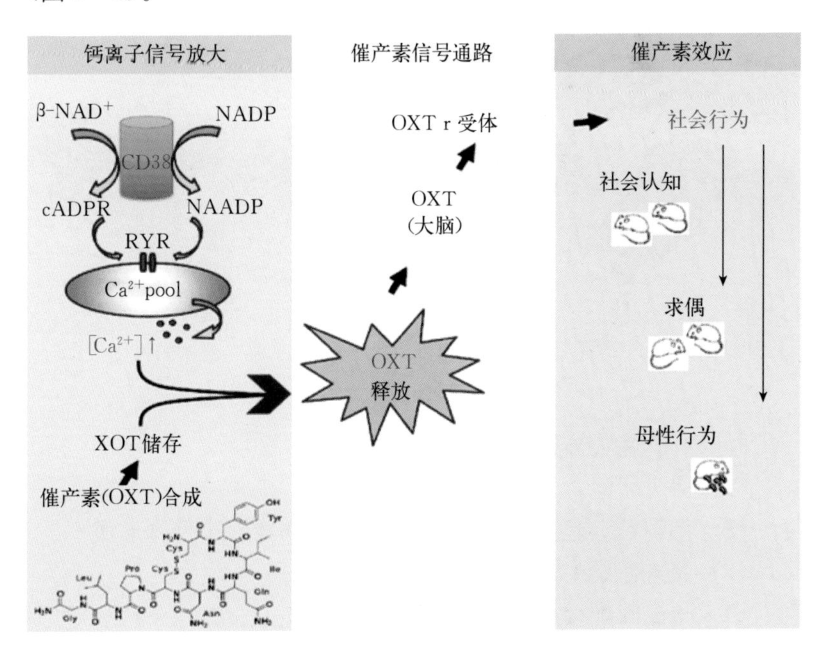

图 2－3 OXT 作用信号通路

（引自 Haruhiro Higashida，2011）

2. OXT 的应用

（1）诱导母猪同期分娩。

（2）治疗母猪胎衣不下和产后子宫出血、子宫积脓等。

（3）输精时，可在精液中添加催产素，促进母猪子宫肌肉收缩运输精子。

（三）促卵泡素

卵泡刺激素（FSH）又称促卵泡素，是垂体嗜碱性细胞分泌的由 α 和 β 两个亚单位组成的糖蛋白，垂体中含量少且提取和纯化较难，稳定性差，半衰期约为 5 h（图 2－4）。

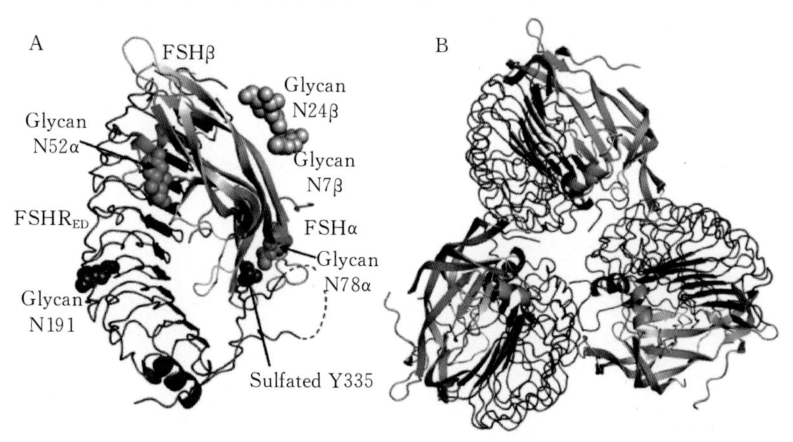

图 2－4　FSH 结合其受体带状模型（A）及 FSH 在三聚体俯视图（B）
（引自 Jiang 等，2017）

1. FSH 的生物学作用

（1）促进卵泡生长和发育。

（2）与颗粒细胞上的 FSH 受体结合，诱导 LH 受体形成。

（3）促进卵巢生长，增加卵巢重量。

（4）与 LH 配合产生雌激素。

（5）与 LH 协同作用诱发排卵。

（6）促进睾丸足细胞合成和分泌雌激素。

（7）刺激生精上皮的发育和精子发生。在次级精母细胞及其以前阶段，FSH 起重要作用，此后由睾酮起主要作用。

2. FSH 的应用　FSH 通常应用于诱导母猪发情与胚胎移植的超数排卵，在治疗母猪性欲缺乏和卵巢囊肿等方面也有应用。生产上，注射 FSH 可以有效提高猪卵巢中等卵泡的发育数量（图 2－5）。

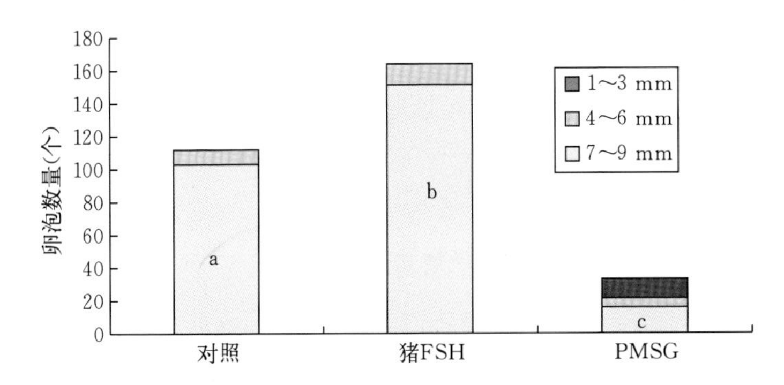

图 2－5　猪卵泡素（pFSH）、PMSG 注射 72 h 后对青年母猪卵泡发育数量的影响

（引自 H. D. Guthrie，2005）

（四）促黄体素

促黄体素是垂体嗜碱性细胞分泌的由 α 和 β 两个亚基组成的糖蛋白，化学稳定性较好，在提取和纯化过程中较 FSH 稳定（图 2－6）。

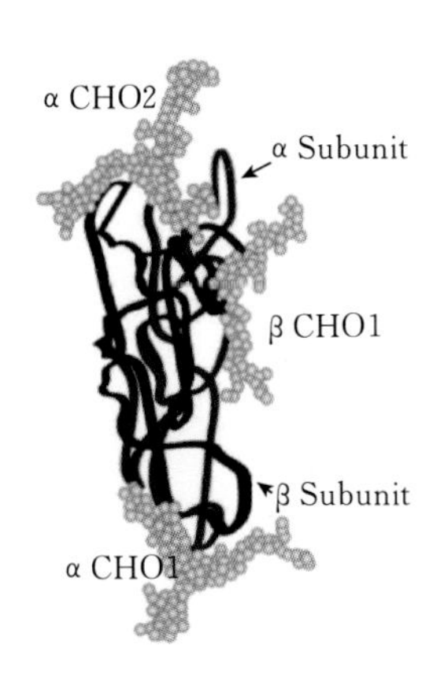

图 2－6　LH 分子结构模式及三维空间结构

（引自 Roge' rio de Barros F.，2014）

1. LH 的生物学作用

（1）促进卵泡的成熟和排卵。

（2）刺激卵泡内膜细胞产生雄激素，为颗粒细胞合成雌激素提供前体物质。

（3）促进排卵后的颗粒细胞黄体化，维持黄体细胞分泌孕酮。

（4）对雄性动物，LH 刺激睾丸间质细胞合成和分泌睾酮。

（5）促进副性腺的发育和精子最后成熟。

2. LH 的应用　生理条件下 FSH 与 LH 有协同作用，FSH 制剂中往往含有大量 LH，以致在使用 FSH 制剂的同时如果再加 LH 反而会影响 LH 的作用效果。另外，LH 来源有限、价格较高，所以在临床上常用人绒毛膜促性腺激素（hCG）或 GnRH 类似物替代。

（1）诱导排卵。用于处理排卵延迟、不排卵的动物及从非自发性排卵的动物获得卵子。

（2）用于促进卵泡囊肿母猪发情。

（五）绒毛膜促性腺激素

人绒毛膜促性腺激素（hCG）主要由妊娠期胎盘合胞体滋养层细胞分泌，在孕妇的血和尿中大量存在。

1. hCG 的生物学作用　hCG 的生物学作用与 LH 相似。它可促进卵泡成熟和排卵并形成黄体；在雄性动物，则刺激睾丸间质细胞，分泌睾酮（图 2－7）。

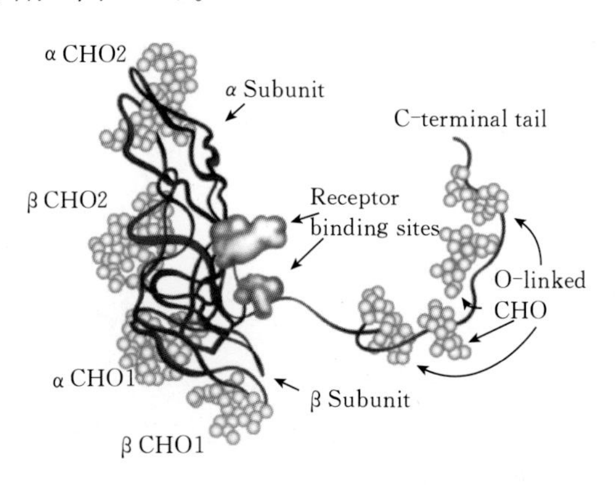

图 2－7　hCG 分子结构模式及三维空间结构

（引自 Roge' rio de Barros F.，2014）

2. hCG 的应用　hCG 制剂从孕妇尿或刮宫液中提取，以 LH

活性为主，亦含有少量 FSH 活性。在临床上，多应用于促进排卵和黄体机能。通常与 PMSG 或 FSH 配合使用，即先用 PMSG 或 FSH 促进卵泡发育，在动物发情时注射 hCG 促进排卵。此外，hCG 可用于治疗卵巢静止、卵巢囊肿、排卵障碍等繁殖障碍；在雄性动物，可用 hCG 促进生精。

（六）雌激素

卵巢、胎盘、肾上腺、睾丸及某些中枢神经元是雌激素的来源，其中卵巢的雌激素产量最高。卵巢内卵泡颗粒细胞、卵泡膜细胞也可直接产生雌激素。雌激素是促使雌性动物性器官发育和维持正常雌性性机能的主要激素，其中雌二醇是主要的功能形式。

1. 雌激素的生物学作用　雌激素是促使母猪性器官发育和维持正常雌性性机能的主要激素，在母猪各生长发育阶段都有一定的生理作用。

（1）促进母猪卵泡、子宫和阴道的充分发育。

（2）促进初情期母猪下丘脑和垂体的生殖内分泌活动。

（3）刺激子宫和阴道腺上皮增生、角质化，并分泌稀薄黏液，为交配活动做准备。

（4）刺激子宫和阴道平滑肌收缩，促进精子运行，有利于精卵结合，完成受精。

（5）刺激乳腺腺泡和导管系统发育，对分娩启动具有一定的作用。

（6）与催产素协同刺激子宫平滑肌收缩，促进分娩。

（7）与催乳素协同促进乳腺发育和乳汁分泌。

2. 雌激素的应用　目前已有多种雌激素制剂在母猪生产和兽医临床上应用，其主要作用如下。

（1）与其他药物配合用于诱导发情、诱导泌乳。

（2）配合前列腺素的使用，可诱导母猪同期发情。

（3）促使睾丸萎缩，副性腺退化。

（七）孕激素

孕激素主要来源于卵巢的黄体细胞，此外，肾上腺、卵泡颗粒细胞、胎盘、中枢神经元等也是孕激素的来源。睾丸中也曾分离出孕酮，这主要是雄激素合成过程的中间产物。孕酮是活性最高的孕激素。孕激素和雌激素作为母猪的主要性激素，共同作用于母猪生殖活动，两者的作用既互相抗衡，又相互协同，在血液中呈现此消彼长的状态。孕酮的主要靶组织是生殖道和下丘脑-垂体轴。总体说来，孕酮对生殖道的作用是使之为开始和维持妊娠做准备。此外，孕酮对生殖道的作用需要雌激素的预作用，雌激素诱导孕酮受体产生。相反，孕酮有调节雌二醇受体，阻抗雌激素作为促有丝分裂因子的许多作用。

1. 孕激素的生物学作用

（1）在黄体期早期或妊娠初期，促进子宫内膜增生，使腺体发育、功能增强，这些变化有利于胚泡附植。

（2）在妊娠期间，抑制子宫的自发活动，降低子宫肌层的兴奋作用，还可促进胎盘发育，维持正常妊娠。孕酮阻抗雌二醇诱导的输卵管分泌蛋白产生，使输卵管上皮分泌活性退化和停止。

（3）大量孕酮抑制性中枢使动物无发情表现，但少量孕酮与雌激素协同作用可促进发情表现。动物的第一个情期（初情期）有时表现安静排卵，可能与孕酮的缺乏有关。

（4）生殖周期的长度部分地由孕酮控制。在卵泡期，血中孕酮浓度低。在此期间，上升的雌二醇作用于下丘脑和垂体，刺激低幅度、高频率 LH 脉冲释放，导致血中 LH 浓度上升，驱动卵泡发育。排卵后，随着黄体发育，血中高浓度的孕酮限制 LH 以高幅度、低频率释放，使 LH 平均浓度降低。孕酮的这一效应是下丘脑和垂体两个水平起作用的结果，在下丘脑，孕酮阻止 GnRH 峰；在垂体，高浓度的孕酮通过调节 GnRH 受体 mRNA 使 GnRH 受体数量减少，也导致编码 LH、FSH 的 β-和 α-亚单位的基因表达降低，进而使 GnRH 引起的 LH 释放量降低。

（5）与促乳素协同作用促进乳腺腺泡发育等。

2. 孕激素的应用　已有许多种合成孕激素制剂用于医学和畜牧、兽医领域。主要制剂有甲孕酮（MAP）、甲地孕酮（MA）、16-次甲基甲地孕酮（MGA）、炔诺酮、氯地孕酮（CAP）、氟孕酮（FGA）、烯丙孕素等。这些合成的孕激素制剂并不都属于类固醇。孕激素在人类医学上主要用于备孕，在畜牧兽医上也有如下用途。

（1）作为同期发情的药物，一般先用孕激素制剂处理造成人为黄体期，然后统一停用孕激素，再用其他激素（如促性腺激素等）促进母猪同期发情。

（2）与其他激素如 hCG 合用治疗母猪不发情或卵巢囊肿。

（八）雄激素

雄激素的主要作用形式是睾酮和双氢睾酮，主要由睾丸间质细胞分泌。研究表明双氢睾酮是体内活性最强的雄激素。虽然睾酮与双氢睾酮共用同一种受体，但发挥的生物学作用不完全相同，双氢睾酮一方面可扩大或强化睾酮的生物学效应，另一方面调节某些特殊靶基因（对睾酮-受体复合物无反应）的特异性功能。

1. 雄激素的生物学作用

（1）在雄性胎儿性分化过程中，睾酮刺激沃尔夫氏管发育成雄性内生殖器官（附睾、输精管等）；双氢睾酮刺激雄性外生殖器官（阴茎、阴囊等）发育。

（2）睾酮启动和维持精子发生，并延长附睾中精子寿命；双氢睾酮在促进雄性第二性征和性成熟中起不可替代的作用。

（3）雄激素刺激副性腺的发育；双氢睾酮对前列腺的分化形成起主要作用。

（4）睾酮作用于中枢神经系统，与雄性性行为有关。

（5）睾酮对下丘脑或垂体有反馈调节作用，影响 GnRH、LH 和 FSH 分泌。

（6）睾酮对外激素的产生有控制作用等。

2. 雄激素的应用　睾酮在临床上主要用于治疗雄性动物性欲

低下或性机能减退，但单独使用不如睾酮与雌二醇联合处理效果好。

（九）前列腺素

前列腺素（PG）广泛存在于机体各组织中，以旁分泌和自分泌方式发挥局部生物学作用。天然PG极不稳定，静脉注射极易分解（约95%的PG在1 min内被代谢），此外还具有生物活性范围广、使用时产生副作用等问题。人工合成的PG类似物具有比天然激素作用时间长、生物活性高、副作用小等优点。

1. 前列腺素的生物学作用　不同来源、不同类型的PG具有不同的生物学作用。在动物繁殖过程中有调节作用的主要是前列腺素F（PGF）和前列腺素E（PGE）。

（1）溶解黄体　子宫内膜产生的$PGF_{2\alpha}$，引起黄体溶解。这一观点被普遍接受并为大量研究结果所证实。在黄体开始发生退化之前，子宫静脉血中的$PGF_{2\alpha}$或循环血中$PGF_{2\alpha}$的代谢物（PGFM）浓度明显增加；在黄体溶解发生时，$PGF_{2\alpha}$的分泌呈现出逐渐增加的分泌趋势；在黄体期从子宫静脉或卵巢动脉灌注$PGF_{2\alpha}$可诱导同侧卵巢黄体提前溶解；在黄体发生溶解时，从子宫内膜组织分离出的$PGF_{2\alpha}$含量最高。近年来发现，由卵泡颗粒细胞黄体化而来的大黄体细胞上存在$PGF_{2\alpha}$受体，而由卵泡内膜细胞黄体化形成的小黄体细胞上不存在$PGF_{2\alpha}$受体。因此，$PGF_{2\alpha}$可直接作用于大黄体细胞使之变性、自溶并产生细胞毒素而间接引起大黄体细胞变性。

（2）对下丘脑-垂体-卵巢轴的影响　下丘脑产生的PG参与GnRH分泌的调节，PGF和PGE能刺激垂体释放LH，同时PG对卵泡发育和排卵也存在直接作用；

（3）对子宫和输卵管的作用　$PGF_{2\alpha}$促进子宫平滑肌收缩，有利于分娩活动；$PGF_{2\alpha}$对分娩后子宫的功能恢复有作用。PG对输卵管的作用较复杂，与生理状态有关。PGF主要使输卵管口收缩，使受精卵在管内停留；PGE使输卵管松弛，有利于受精卵运行。

（4）其他作用　PG对生殖系统以外的生理功能具有广泛的调节作用，如PGE_2和PGA_2具有扩张血管的作用，PGF有收缩血管的作用，因而参与调节血压。PG可影响血小板的凝集，调节肾小管水和电解质的吸收，从而具有利尿作用。此外，PG对呼吸、消化、神经系统及炎症反应均有作用，这取决于PG的种类。

2. 前列腺素的应用　在母猪繁殖上应用的前列腺素主要是$PGF_{2\alpha}$及其类似物。国内外已有许多种PG类似物，如氯前列烯醇、氟前列烯醇、15甲基$PGF_{2\alpha}$、$PGF_{1\alpha}$、甲酯等。目前，国内应用最广的是氯前列烯醇（有人认为应该称为氯前列醇）。$PGF_{2\alpha}$及其类似物主要用于以下几方面。

（1）诱发分娩　在母猪上，用于同期分娩，有利于分娩监控。

（2）调节发情周期　PG及其类似物能显著缩短黄体的存在时间，因此能够调控母猪的发情周期。

（3）治疗繁殖疾病　治疗母猪持久黄体、黄体囊肿、子宫复旧不全等疾病。

（4）排出木乃伊　用PG结合人工处理，有利于排出木乃伊。

（5）治疗乏情母猪　对乏情母猪，经检查有黄体存在的，可用PG治疗。

（十）孕马血清促性腺激素

一般认为孕马血清促性腺激素（PMSG）是由妊娠母马子宫内膜杯组织（母体胎盘）产生，PMSG主要存在于血清中，妊娠38～40 d即可测出，60～120 d浓度最高（高峰浓度可达250 IU/mL），此后逐渐下降，到170 d时检测不出。PMSG分子不稳定，高温、酸、碱及蛋白分解酶均可使其丧失生物学活性，冷冻干燥和反复冻融也会降低其生物学活性。PMSG的末端含有大量唾液酸，导致其半衰期较长，达40～125 h。

1. PMSG的生物学作用　PMSG制剂具有FSH和LH两种激素的生物学作用，以FSH活性占优，但所含FSH与LH活性比例在不同个体、不同采血时间存在差异。因此，母猪肌内注射PMSG具有促进卵泡发育、排卵等功能；对公猪而言，具有促进精细管发育和性细胞分化的作用。

2. PMSG的应用　主要用于诱导发情、超数排卵，还可用于治疗卵巢静止、持久黄体等繁殖疾病。

（1）用于超数排卵。用PMSG代替价格较贵的FSH进行超排可取得一定效果。但由于PMSG半衰期长，在体内不易被清除，一次注射后可在体内存留数天甚至1周以上，残存的PMSG影响卵泡的最后成熟和排卵，使胚胎回收率下降。所以，近年来在用PMSG进行超排处理时，补用PMSG抗体（或抗血清），中和体内残存的PMSG，明显改善了超排反应。

（2）用于治疗母猪乏情、安静发情或不排卵。

（3）用于治疗公猪睾丸机能衰退或死精。

（4）用于母猪定时输精，促进母猪卵泡发育同步化。

（十一）外激素

外激素是机体向环境释放，传递同种个体间信息、引起对方特殊反应的一类生物活性物质。公猪外激素由成年公猪分泌，通过呼吸释放，刺激母猪嗅觉系统上皮的神经细胞，使其表现出交配行为。

外激素的生物学作用：

（1）公猪分泌的外激素可引诱母猪，使母猪接受交配。

（2）引起交配行为，使母猪表现愿意接受交配的行为反应，如“静立反射”。

三、繁殖周期中主要生殖激素变化及其作用

（一）发情周期生殖激素变化及其作用

母猪发情周期实际上是卵泡期和黄体期交替变换的过程。卵泡生长发育及黄体的形成与退化是受生殖激素的调节和外界环境条件

的影响（图 2-8）。

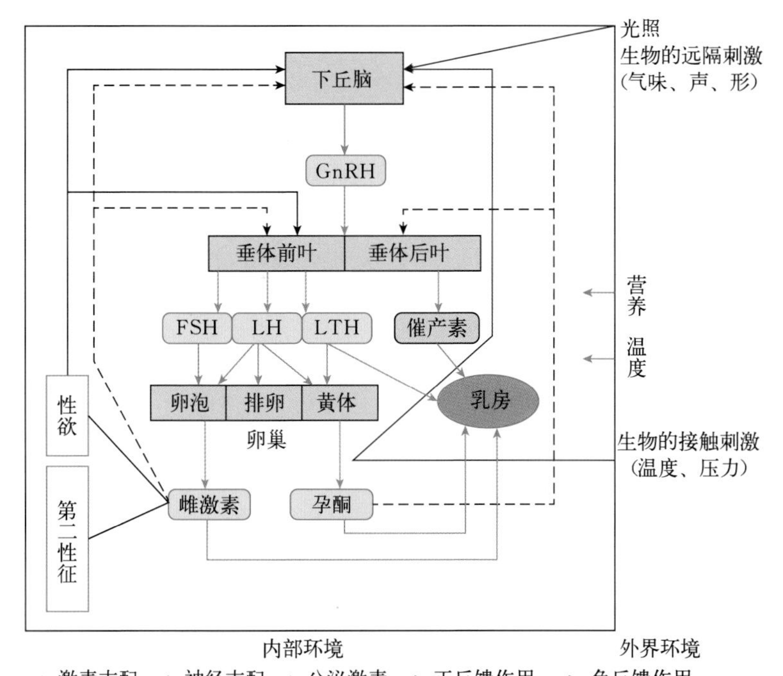

图 2-8 非季节性发情动物发情周期的调节机制示意
（引自杨利国，2008）

外界环境条件通过不同的途径影响中枢神经系统刺激下丘脑的神经内分泌细胞分泌释放促性腺激素释放激素，被微毛细血管丛所吸收，通过垂体门脉系统运输到垂体前叶，刺激垂体前叶细胞分泌促性腺激素，运输到卵巢促进卵泡发育，进而促进卵巢分泌类固醇激素。而类固醇激素和垂体前叶分泌的促性腺激素互相协调，以维持平衡状态，保证发情周期正常进行。

母猪发情时，下丘脑神经内分泌细胞分泌促性腺激素释放激素，沿着垂体的门脉循环运送到垂体前叶，调节促性腺激素的分泌，垂体前叶分泌的 FSH 进入血液，通过血液循环被运输到卵巢，促进卵泡发育，同时由垂体前叶分泌的LH与FSH协同作用促进卵泡进一步发育并合成分泌雌激素。雌激素又与FSH发生协同作用，从而使卵泡颗粒细胞的FSH和LH的受体增加，于是就使得卵泡对于这两种促性腺激素的结合性增强因而促进了卵泡的生长，同时增加了雌激素的分泌量。这些雌激素通过血液循环被输送到中枢神经系统，引起母猪发情。但必须指出，只有在少量孕酮的协同作用下，中枢神经才能接受雌激素的刺激，母猪才会出现发情的外部表现和性欲，否则卵泡虽然发育，也无发情的外部表现。初情期第一次排卵但不伴随发情表现，就是由于缺乏孕酮的协同。雌激素对下丘脑和垂体具有正、负反馈作用，以便调节促性腺激素的释放，其正反馈是作用于下丘脑前区的视交叉，刺激促性腺激素在排卵前释放；其负反馈是作用于下丘脑的弓状核、腹中核和正中隆起，以抑制促性腺激素的持续释放。当雌激素大量分泌时，一方面，通过负反馈作用，抑制垂体前叶分泌FSH；另一方面，又通过正反馈作用，促进垂体前叶分泌LH，LH在排卵前浓度达最高峰，故又称排卵前LH峰，引起卵泡的成熟破裂而排卵。垂体前叶分泌的LH是呈脉冲式的，脉冲频率和振幅的变化情况与发情周期有密切关系。在黄体期，由于孕酮增加，对垂体前叶起负反馈作用，LH脉冲频率就会减少，当黄体退化时，LH脉冲频率又再显著增加，这是由于黄体退化孕酮减少和雌激素不断增加的双重影响所致。排卵后，即使LH分泌量不大，但仍起重要作用，它能使卵泡的颗粒层细胞转变为分泌孕酮的黄体细胞而形成黄体。另外，当雌激素分泌量高时，它会降低下丘脑促乳素抑制素（PIH）的释放量，从而引起促乳素分泌量增加，而促乳素和LH对促进维持黄体分泌孕酮具有协同作用。当孕酮分泌量达到一定程度时，对下丘脑和垂体前叶有负反馈作用，它能抑制垂体前叶分泌FSH，致使卵泡不再发育，母猪也就不会发情。如母猪发情未配种或配种未孕，则经过一定时期，子宫内膜产生$PGF_{2\alpha}$，破坏黄体组织，使黄体逐渐退化萎缩，于是孕酮分泌量就急剧下降。这样，由于孕酮对垂体的抑制作用开始减退，从而垂体又开始分泌 FSH，进而刺激卵泡开始发育，但此时卵泡还不大，雌激素分泌量还不足，同时因为还有退化黄体的抑制作用，不表现发情；随着黄体的完全退化，垂体不再受孕酮的抑制，因而又分泌大量的 FSH，刺激卵泡继续发育，卵泡的迅速发育使得雌激素分泌量迅速增加，于是母猪又再次发情。正常的发情周期就是这样周而复始地进行。

母猪发情周期中的激素变化：母猪在发情周期的卵泡期，外周血浆中雌激素浓度由低到高，即由 10～30 pg/mL 增加到 60 pg/mL 以上，水平较高。而外周血浆的排卵前 LH 峰值为 4～5 ng/mL，明显低于其他家畜，排卵是在 LH 峰到达后 40～48 h 完成的。其孕酮浓度排卵前小于 1.0 mg/mL，黄体中期增加到 25～35 ng/mL，显著高于其他家畜（图 2－9）。

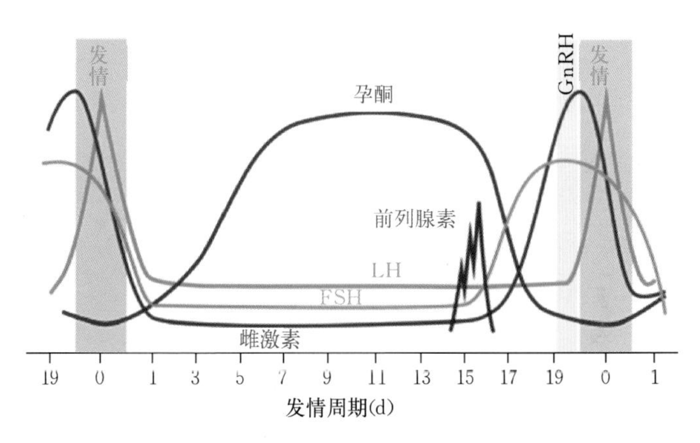

图 2－9　血液中主要生殖激素在发情周期分泌模式

（引自 Ka 等，2018）

（二）妊娠期生殖激素变化及其作用

妊娠的维持需要母体和胎盘产生的有关激素的协调和平衡，否则将导致妊娠的中断。在维持母猪妊娠的过程中，孕酮和雌激素是至关重要的。排卵前后，雌激素和孕酮含量的变化，是子宫内膜增生、胚泡附植的主要动因。而在整个妊娠期内，孕酮对妊娠的维持则体现了多方面的作用：①抑制雌激素和催产素对子宫肌的收缩作用，使胎儿发育处于平静而稳定的环境；②促进子宫颈栓体的形成，防止妊娠期间异物和病原微生物侵入子宫，危及胎儿；③抑制垂体 FSH 的分泌和释放，抑制卵巢上卵泡发育和母猪发情；④妊娠后期孕酮水平的下降有利于分娩的发动。雌激素和孕激素的协同作用可改变子宫基质，增强子宫的弹性，促进子宫肌纤维和胶原纤维的增长，以适应胎儿、胎膜和胎水增长对空间扩张的需求；其次，还可刺激和维持子宫内膜血管的发育，为子宫和胎儿的发育提供营养来源。

母猪妊娠时内分泌变化：妊娠时孕酮含量同正常发情周期的峰值相同，为 0～35 ng/mL，妊娠第 24 天时下降到 17～18ng/mL，并维持在这一水平上，分娩前突然下降。维持妊娠的外周血浆孕酮临界浓度为 6ng/mL，低于这个水平妊娠会终止。子宫内的胚胎数目与孕酮的浓度互不影响。雌激素浓度在妊娠期间可能逐渐升高，妊娠大约 100 d 时迅速升高到 100ng/mL，产前可升高到 500 ng/mL，分娩时或产后迅速下降（图 2－10）。

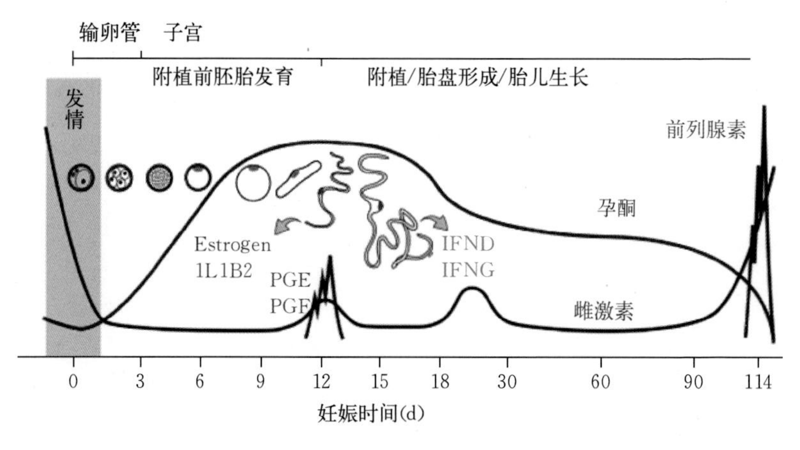

图 2－10　血液主要生殖激素在妊娠周期中的分泌模式

（引自 Ka 等，2018）

（三）分娩发动的生殖激素变化及其作用

母猪分娩前后激素变化模式见图 2-11。

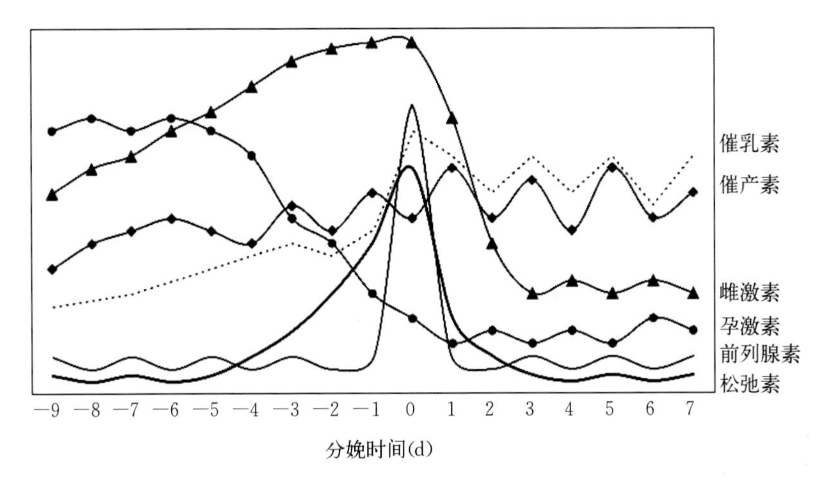

图 2-11　母猪分娩前后激素变化模式
（引自 O. A. T. Peltoniemi 和 C. Oliviero，2014）

1. **孕酮**　血浆孕酮和雌激素浓度的变化是引起分娩发动的主要动因之一。因为妊娠期内孕酮一直处在一个高而稳定的水平上，以维持子宫相对安静而稳定的状态。有人认为，这可能是由于孕酮的作用影响了细胞膜外 Na^{+} 和细胞内 K^{+} 的交换，改变了膜的静电位，使膜出现超极化状态，抑制子宫的自发性收缩或催产素引起的收缩作用。孕酮还可强化子宫肌 β 受体的作用，抑制子宫对兴奋的传递，最终导致子宫肌纤维的舒张和平静。总之，在分娩前孕酮和雌激素含量的比值迅速降低，导致子宫失去稳定性，引发分娩。

2. **雌激素**　随着妊娠时间的延长，胎盘产生的雌激素逐渐增加。雌激素可刺激子宫肌的生长和肌球蛋白的合成，特别是在分娩时对提高子宫肌的规律性收缩具有重要作用。分娩前，高水平的雌激素还可克服孕激素对子宫肌的抑制作用，并提高子宫肌对催产素的敏感性，也有助于 $PGF_{2\alpha}$ 的释放，从而触发分娩活动。

3. **催产素** 分娩时，催产素可使子宫肌细胞膜的钠泵开放，此时由于大量的 Na^{+} 进入细胞，K^{+} 从膜内转向膜外。静电位的下降造成膜的反极化状态；同时，催产素能抑制依靠 ATP 产生的 Ca^{2+} 与内质网的结合，释放出大量游离的 Ca^{2+}，Ca^{2+} 再与肌细胞上的收缩调节物质发生作用，引发肌动蛋白的收缩。此外，孕激素和雌激素比值的降低，可促进催产素的释放；胎儿及胎囊对产道的压迫和刺激，也可反射性地引起催产素的释放。

4. **前列腺素** 对分娩发动起主要作用的是 $PGF_{2\alpha}$，它具有溶解妊娠黄体和促进子宫肌收缩的双重作用。前列腺素可与子宫肌细胞膜上前列腺素受体结合，与平滑肌的腺苷酸环化酶系统发生作用，导致 cAMP 水平降低；又能活化鸟苷酸环化酶，提高 cAMP 水平，改变平滑肌膜对钙离子的渗透性，增加细胞膜内游离钙离子的含量，使肌细胞发生收缩运动，促进分娩。

5. **松弛素** 猪的松弛素主要来自黄体，其可使骨盆韧带松弛、骨盆开张、子宫颈松软、弹性增加（图 2－12）。

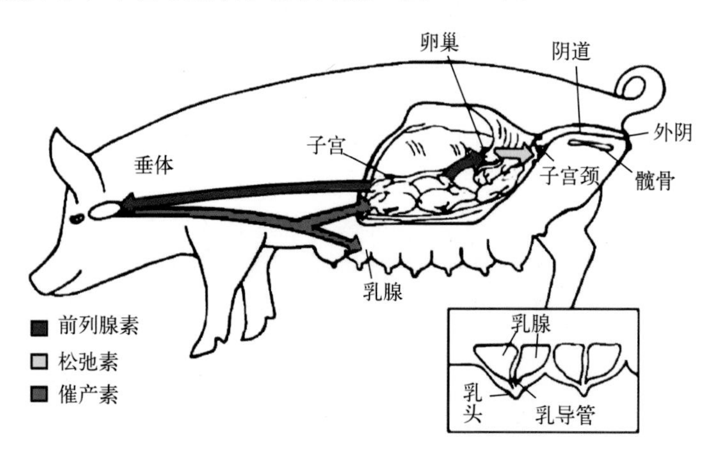

图 2－12 母猪分娩时激素作用途径

（引自 C. Robert Dove，2009）

1. 试述生殖激素种类，并举例。
2. 试述前列腺素的生理作用。
3. 公猪外激素是如何发挥其生物学作用的？
4. 试述 FSH 的生物学作用。

第三章 CHAPTER 3
母猪发情鉴定

［简介］发情鉴定与控制技术对畜牧生产意义重大，本章主要介绍母猪发情概念及原理、发情周期、发情鉴定方法及影响母猪发情的因素。

一、发情与发情周期

（一）初情期、性成熟和适配年龄

1. 初情期 初情期指后备母猪到达一定年龄和（或）体重时，第一次出现发情并排卵的时期。此时母猪虽然初次具备了外观发情表现和排卵，但生殖能力还很弱。引进品种的母猪初情期一般为6～7月龄，地方品种的母猪一般为3～4月龄。初情期受遗传、生理、光照、父母的年龄、品种、杂种优势、环境温度、群体环境、营养水平、体重和生长性能等因素的影响。公猪诱情、营养水平、运动和光照等是生产上促进后备母猪初情期提早出现的方法。初情期越早的后备母猪，其第一胎的繁殖及终生的繁殖性能也越好。

2. 性成熟 性成熟是指在初情期后，后备母猪生殖器官和身体机能仍然处于继续发育中，一旦生殖器官发育成熟，而且发情和排卵正常，并具有正常生殖功能的时期，称为性成熟。虽然生殖机能发育成熟，但机体仍在发育，一般不会配种。

3. 适配年龄 适配年龄一般指在性成熟之后，体成熟之前的一定时期。后备母猪适配年龄通常为7～8月龄，体重为130～140 kg，月龄和体重两个指标都要达标才能参与配种生产。后备母猪配种月龄过小、体重过轻，将导致其繁殖性能降低，母猪利用年限缩短，仔猪初生重低，母猪成年体重轻等问题；后备母猪配种月龄过大、体重过重，也将会导致其繁殖性能降低，母猪不发情，利用率低，非生产天数多等问题。在适配年龄方面，除考虑上述影响初情期和性成熟的因素外，更要考虑个体生长发育情况和使用目的，在开始配种时的体重应为其成年体重的70%左右。

（二）发情周期

1. 发情　卵巢上卵泡的发育、成熟和雌激素产生是发情的本质，外部生殖器官和性行为的变化是发情的外部表现。发情表现主要在卵巢变化、生殖道变化和行为变化。在卵巢，黄体消退，一批卵泡开始生长、发育、成熟，直至排卵；在生殖道，黏膜下层充血、水肿，腺体分泌旺盛，可见黏膜潮红、滑润，有时排出黏液，子宫颈阴道部松软，颈口开张；在行为上，发情动物表现兴奋、鸣叫，活动增强、食欲减退，出现性欲（性兴奋）等。

2. 发情周期　发情周期是指母畜从初情期到性机能衰退之前阶段，除乏情期外，在没有受孕的情况下，每隔一定时间，表现出发情和排卵周期性。一个发情周期指从一次发情的开始到下一次发情开始的间隔时间。母猪为常年多周期发情动物，发情周期一般为18～24 d，平均为21 d。

3. 发情周期分期

根据母猪精神状态，对公猪的性欲反应，卵巢及生殖道的生理变化等，可分四个时期：

（1）发情前期　母猪外阴部红肿，黏液多而稀薄透明，阴道黏膜潮红，子宫颈口稍为张开；精神兴奋，烦躁不安，注视公猪或公猪经常出没的处所，但不接受公猪或其他母猪的爬跨。

（2）发情期　表现为站立发情，接受公猪或其他母猪的爬跨。外阴部红肿略有消退，黏液黏性增强，阴道黏膜潮红，子宫颈外口充分张开。

（3）发情后期 外阴部和生殖道的红肿减退，黏液减少，浓稠而不黏滞；子宫内膜增厚，子宫腺体逐渐发育；不再接受爬跨。

（4）间情期 黄体功能期，发情征兆完全消失，恢复常态。

根据卵巢上卵泡和黄体交替存在可分为卵泡期和黄体期：

（1）卵泡期 黄体开始退化到排卵的这段时间。母猪卵泡期为5～7 d，约占发情周期的1/3，相当于本次发情周期的第16天至下次发情周期的第2天或第3天。

（2）黄体期 从卵泡破裂排卵形成黄体，到黄体消失的时间。黄体期为13～14 d，母猪黄体期是从发情周期的第2～3天开始至第16～17天。

4. 产后发情 母猪属于泌乳抑制性发情的动物，一般断奶后1周内，将出现有排卵的正常发情。因此，提前断奶将提高每头母猪每年分娩的胎数，进而提高猪群的繁殖力。但如果断奶时间过早，母猪产后生殖器官功能还没有充分恢复就进入下一个生殖周期，往往会导致母猪繁殖性能降低或发生繁殖障碍，如不发情、发情间隔延长、排卵数及产仔数降低等。一般来说，在生产中仔猪断奶时间一般在21～28 d为宜。

（三）发情周期母猪行为和生殖道分泌物变化

1. 发情前期 持续2～4 d（平均2.7 d），后备母猪更明显。此期可见阴户相当红肿、突出，阴道内流出透明水样分泌物，拉丝性差，食欲减退，鸣叫和焦躁不安。

2. 发情期 发情持续期，后备母猪一般为1～3 d（平均为2 d），经产母猪为1～4 d（平均为2.5 d）。无论后备母猪或经产母猪都表现为极稳定的静立反射，外阴充血、肿胀明显，子宫颈松弛，子宫黏膜增生，子宫角和子宫体充血，基层收缩加强，腺体分泌增多，有大量黏液排出，此时黏液较为黏稠、拉丝性强，性欲达到高峰；排卵多在这个时期的末期进行，相当于发情期第1～2天。

3. 发情后期 持续3～5 d（平均为4 d），此期子宫颈管逐渐收缩、封闭，腺体分泌活动渐减，黏液分泌量少而黏稠，外阴的充血、肿胀逐渐消退。子宫肌层蠕动逐渐减弱；子宫内膜逐渐增厚，子宫腺体逐渐发育。

4. 间情期　是黄体功能期，此期母猪性欲完全停止，间情期的早期，黄体继续发育增大，分泌大量孕酮作用于子宫，母猪精神状态恢复正常，子宫颈口紧闭。

（四）发情周期母猪卵巢变化

母猪发情开始前 2～3 d，卵巢上黄体在前列腺素作用下迅速消失，一批卵泡在雌激素、卵泡刺激素和促排激素等作用下开始迅速生长发育，其中部分优势卵泡发育成熟直至排卵，而另一部分不能达到成熟阶段的生长卵泡则走向闭锁，这段时间一直持续到发情期结束。卵泡大小不一，成熟卵泡因微血管网密布于卵巢表面而成橘红色。母猪中常发现因动脉充血而有血液深入卵泡腔形成“出血卵泡”。发情周期第 6～8 天，黄体完全形成。新形成的黄体呈暗红色，主要是破裂的卵泡壁流出血液和淋巴液，汇集在卵泡腔内形成的，也称为红体；以后逐渐变为浅黄色，主要是卵泡颗粒细胞增生肥大并吸收类脂质形成的黄素造成的，此时称为黄体；在黄体退化阶段，黄体细胞数量迅速减少并最终由结缔组织替代，形成一个白色的斑痂，此时成为白体。孕酮的分泌作用可以保持到第 16～17 天。若母猪没有妊娠，卵巢上的黄体迅速退化，黄体分泌的孕激素迅速降低，从而解除了孕激素对卵泡生长的抑制，卵泡又开始生长，母猪进入下一个发情周期。

（五）发情周期调节机制

母猪的发情周期实质上就是卵泡期和黄体期的交替循环，而卵泡的生长排卵及黄体的形成和退化是受神经激素的调节和外界环境条件的影响。外界环境的变化及公猪刺激反应（母猪通过嗅觉、听觉、视觉、触觉接受性刺激），经不同途径通过神经系统影响下丘脑 GnRH 的合成和释放，由垂体门脉系统运送到垂体前叶，刺激垂体前叶促性腺激素（主要为 FSH 和 LH）的产生和释放，经循环系统作用于卵巢，产生性腺激素（主要指雌激素、孕激素），从而调节母猪发情。因此，母猪发情周期的循环，可以说是通过下丘脑-垂体-卵巢轴所分泌的激素相互作用的结果。

猪在发情周期的卵泡期，雌激素分泌量由低到高，即由10～30 pg/mL增加到60 pg/mL以上，水平较高。而外周血浆的排卵前促黄体素（LH）峰值为4～5 ng/mL，明显低于其他家畜，排卵是在促黄体素达到峰值后40～48 h完成的。其孕酮浓度由排卵前的低于1.0 ng/mL增加到黄体中期的20～35 ng/mL，显著高于其他家畜（图3-1）。

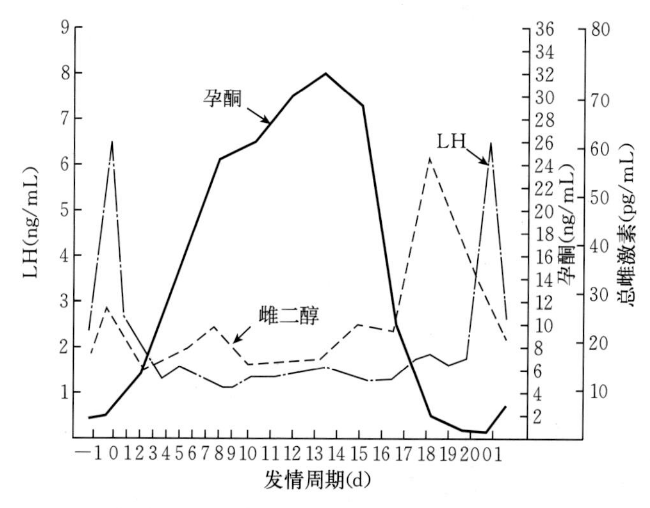

图3-1 猪在发情周期外周血浆中雌二醇、孕酮和促黄体素浓度变化
（引自R. H. F. Hunter，1980）

（六）影响母猪发情的因素

品种、营养水平、饲养管理水平、环境、年龄、背膘厚和胎次等因素均对母猪的发情有一定的影响，一般经产母猪较后备母猪发情持续期要长（以站立反射为标准）。母猪的排卵数因品种、年龄、胎次、营养水平不同而有所不同：后备母猪要少于经产母猪，并随着发情次数的增加而增加；营养水平高的，其排卵数也多，这就是

后备母猪在配种前15～20 d、经产母猪在断奶后要进行优饲催情的原因。

（七）促进母猪发情的措施

后备母猪到8月龄以上仍没有出现发情，或经产母猪断奶后10 d以上没有发情，均称为乏情母猪。对这些出现发情障碍的乏情母猪要尽快采取促发情措施，以降低养猪企业损失。促进后备母猪发情的措施比较多，如混群、并圈、公猪刺激、观察公猪爬跨、交配及加强运动等都可以促进后备母猪发情。如果断奶母猪长时间不发情，除根据膘情调整体况之外，还需要激素类药品的协助，如注射孕马血清、P.G.600等促进相对静止的卵巢上的卵泡发育，注射氯前列烯醇类药物，溶解卵巢上的持久黄体，进而促进母猪发情。

二、母猪发情鉴定主要方法

（一）观察法

观察法就是查看母猪的外部表现、精神状态及外阴部变化，进而确定母猪发情状态的方法，是母猪发情鉴定常用的方法之一。发情开始时，母猪有轻度不安，食欲稍减，阴户有轻度肿胀和充血现象；随后母猪站立不安，常在栏内走动，用嘴咬栏门或用鼻唇拱土，主动寻找公猪，遇到公猪时，鼻对鼻闻嗅或闻嗅公猪会阴部，或用嘴唇撞其肋腹部，阴户肿胀充血明显，皱襞展平，黏膜湿润，耳尖内翻（图3-2）；此时进入发情盛期，母猪狂躁不安，性欲强烈，频频排尿，爬跨其他母猪或接受其

图3-2　母猪发情时两耳直立、耳尖内翻

他母猪爬跨，若公猪爬跨其背部时则站立不动，翘尾以准备公猪交配。

（二）试情法

试情法是指通过试情公猪或人工压背方法，评定母猪是否发情及发情的状态，是养猪生产中常用的发情鉴定方法。母猪发情时对公猪爬跨敏感，可用公猪试情，根据接受爬跨和安定程度判断其发情程度。如果母猪静立不动，即所谓的静（站）立反射，则表示母猪已处于发情期。在某些烈性传染病暴发期间，公母猪尽量减少接触机会，或者其他原因公猪无法在场，因母猪对公猪气味（外激素）和公猪叫声都异常敏感，可将公猪气味剂喷洒在母猪口鼻部，结合公猪叫声录音，可用手按压母猪背部试情，进行发情鉴定（图 3－3）。试情公猪通常采用唾液多、行动缓慢、性欲强的老公猪，效果较好。

图 3－3　发情母猪压背时表现为稳定的站立发情

（三）智能设备系统发情监测法

1. 母猪智能大栏饲喂系统发情监测器　妊娠母猪通常采用定位栏饲养，由于运动不足，可能会导致其发生肢蹄病而提前淘汰，缩短利用年限。母猪大群饲养可以有效解决上述问题，但是却解决不了妊娠母猪限饲和返情（发情鉴定）问题。母猪智能大栏饲喂系统中，母猪佩戴电子射频耳标，当母猪通过智能饲喂站时，安装在饲喂站内侧的检测器读取猪只 ID 号后，下料器根据提前输入的猪只饲喂量自动下料，可精准调控妊娠母猪营养体况。若是返情的母猪，当通过发情监测器时，公猪的气味和声音吸引发情母猪滞留，母猪滞留时间和频次通过电子信息系统识别判断，可以确定其是否发情，自动分离器将发情（返情）母猪分离到另一个小圈，等待配种（图 3－4、图 3－5 和图 3－6）。

图 3－4　母猪智能大栏饲喂系统中的智能饲喂站

图 3－5　母猪智能大栏饲喂系统中的发情监测器示意

2. B 超检测卵泡发育辅助发情鉴定　通过 B 超检测母猪卵巢上卵泡动态生长规律，并结合母猪发情行为特征变化，预估排卵时间，实现精准输精。

3. 基础体温监测辅助发情鉴定　哺乳动物体温为恒温动物，但是每个动物个体的基础体温又有差异。母猪基础体温是指凌晨母猪仍在躺卧、没有任何运动的情况下测定的体温。基础体温与母猪重要的生理现象有着直接关系。通过测定基础体温可以预测母猪生理

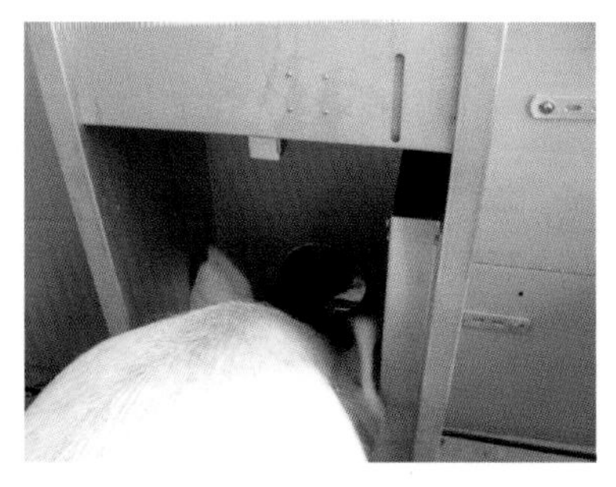

图 3－6　发情监测器识别母猪耳标

周期和病理状态，如发情、排卵、分娩、发热等，为预测母猪排卵时间提供理论依据。但由于母猪基础体温测定较困难，且母猪个体对排卵敏感性差异较大，若要精确判断排卵时间，还需要更多数据支撑。因此，目前该方法尚未在养猪生产中广泛应用。

三、影响发情鉴定检出率的因素

(一) 发情鉴定方法

发情鉴定方法直接影响母猪发情检出率。有公猪在场的试情法鉴定效果最好；依靠公猪气味剂和公猪叫声录音的试情法鉴定效果次之；仅通过压背反应的试情法鉴定效果最差。不论采用哪种方法进行发情鉴定，均要结合观察法以提高鉴定准确性。

(二) 公、母猪因素

1. 公猪因素

发情母猪接触公猪后，将产生强烈的性兴奋。随着与公猪接触时间延长，性兴奋减弱，随后出现性不应期，即对公猪不感“性”趣，部分发情母猪出现压背查情不稳定的现象。因此，通常在查情后至少 1 h 再进行人工输精，以便重新唤起母猪的性兴奋，增强母猪生殖道收缩，减少精液倒流。后备母猪与公猪接触时间对其发情检出率的影响见表 3－1。

表 3－1　公猪接触时间对后备母猪静立发情检出率的影响

发情鉴定时间	发情开始鉴定后的时间（分钟）				
	0	5	10	16	21
第 1 天上午	100.0	100.0	100.0	84.6	84.6
第 1 天下午	100.0	93.3	93.3	86.7	66.7
第 2 天上午	100.0	94.1	88.2	76.5	70.6
第 2 天下午	100.0	94.1	76.5	64.6	64.7

在对配怀舍母猪检查返情率的时候，若空怀/流产母猪与试情

公猪接触时间较长，则母猪可能会出现对公猪“性兴奋”减弱的现象，导致配种员认为母猪静立反应差或母猪已妊娠，从而出现漏配现象（图 3-7）。

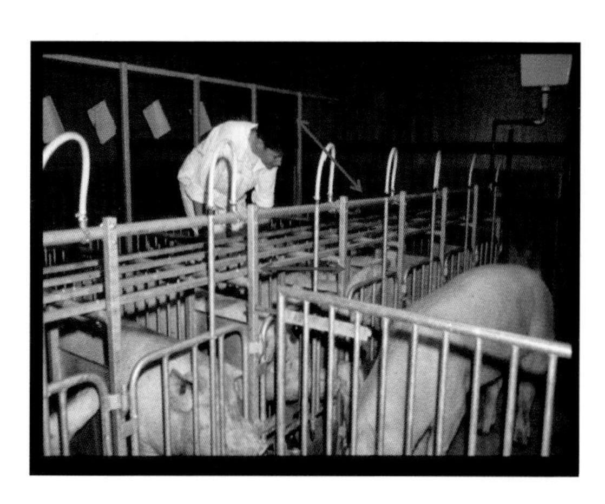

图 3-7　配种后 21 d 查返情，返情母猪因早接触公猪可能导致漏查

2. **母猪因素**　类固醇激素，特别是雌激素分泌不足会引起母猪发情症状不明显，但其卵巢上有卵泡成熟和排卵生理行为，这种现象称为“安静发情”，此现象多发生于后备母猪和高胎次经产母猪。对于病理性的不发情母猪，建议直接淘汰，而生理性不发情母猪则可以采用促进母猪发情的相关措施加以诱导发情；对于反复发情的母猪，一般是由于卵泡囊肿导致，采用激素性药物处理，有的母猪可恢复正常。

（三）环境因素

1. **环境条件**　母猪舍光照、温湿度、有害气体（特别是氨气和硫化氢）浓度等环境条件，均可影响母猪发情、排卵和妊娠等繁殖机能。

2. **饲料因素**　饲料中一些营养物质如维生素 E、微量元素硒等含量不足，或者在加工运输贮藏中的损失，或者颉颃物质的含量过高等，可能引起母猪发情症状不明显；母猪采饲霉变饲料，霉菌毒素也会减少促性腺激素分泌和活性，降低卵泡发育的质量，导致类固醇激素分泌不足，进而引起母猪发情征兆不明显。

3. **饲养方式** 大群饲养方式，由于部分发情母猪相互爬跨、有充足的活动空间等因素，有利于母猪发情；而限位栏饲养方式，由于缺乏运动和发情母猪间爬跨刺激，导致部分母猪发情质量降低，影响发情检出率。群养母猪发情鉴定要更加仔细，以防出现漏检、漏配的情况。

1. 母猪发情周期中生殖器官及外部行为有何变化？

2. 如何对母猪进行发情鉴定？

3. 母猪智能大栏饲喂系统为什么是可行的？其发情监测器工作原理如何？

4. 影响母猪发情鉴定的因素有哪些？

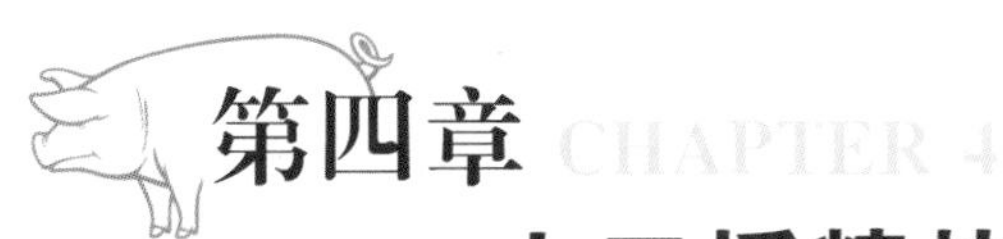

第四章 CHAPTER 4
人工授精技术

[简介] 人工授精显著提高了优秀种公猪的利用率，是现代母猪规模化生产中重要的实用技术之一。本章主要从人工授精的发展、采精方法、精液品质、精液稀释、精液保存等方面进行介绍。

一、人工授精的概念与意义

（一）概念

人工授精（artificial insemination，AI）是以人工的方法，采集公猪的精液，评定其品质，进行一定处理，再将处理后的精液输入至发情母猪生殖道内，代替自然交配而繁殖后代的一种技术。主要技术环节包括：公猪的调教、采精、精液品质评定、精液稀释、分装、保存、运输、输精等。

现代猪人工授精技术自20世纪90年代末在我国推广应用以来，目前猪场普及率接近100%。种公猪舍建设及人工授精技术不断发展，从水帘降温公猪舍换代为空气过滤环境控制公猪舍；从常规输精（宫颈输精）发展到深部输精（宫内输精）；从常规剂量输精（每头份40亿个总精子数，80～100 mL）过渡到低剂量输精（每头份20亿个总精子数，40～50 mL）；从对公猪精液品质的评定研发到对公猪受精能力的评定。

种公猪舍建设及现代猪人工授精技术的特点体现在以下方面。

1. **公猪舍水帘降温**　水帘降温是目前畜牧生产中可行的降温

手段，该系统通常可使猪舍温度降低 5～7 ℃，显著降低热应激对公猪精液生成的不良影响。

2. **公猪的定位饲养** 公猪应在温度适宜（18～22 ℃）、相对干燥、感觉舒适的环境下饲养，夏季的炎热和冬季的寒冷对公猪精液生产都会造成不良影响。为节约土地使用成本和满足集约化生产的需要，定位饲养已成为规模化人工授精生产中一种可行的选择。

3. **精液采集** 与精液接触的用具均为一次性，可减少子宫炎发生的比例，提高繁殖效率。采精杯一般是体积 300～500 mL、内套一次性洁净食品袋的有柄保温杯。将公猪精液采集到一次性食品袋中，精液稀释也在该食品袋中完成。稀释后的精液分装到一次性输精瓶（管、袋）中，保存备用。

4. **准确快速测定精液品质** 智能设备可以快速评定精子密度、活率和畸形率，减少评定时间，提高精子体外存活比率和人员的工作效率。准确地评定精子的密度，才能确定添加稀释液的量，保证精液的保存时间和维持受精能力的时间。

5. **精液的保存** 精液通常可在 17 ℃条件下保存 3～7 d。但稀释液种类、公猪精液质量、精子密度等，均可影响精液保存效果。研究发现，不同公猪精液对稀释液的种类有一定的选择性，相同稀释液对不同公猪精液的保存效果也不同。因此，稀释后的精液应尽快使用。

6. **常规输精的精液质量标准** 常规输精要求种猪每头份精液剂量为 80～100 mL，精子活力不低于 70%，精子畸形率不高于 20%，精子总数为 25 亿～30 亿个。

7. **宫内输精的精液质量标准** 宫内输精（深部输精）近几年迅速推广使用。深部输精管是在常规输精管内安装一套管，输精时当普通输精管在母猪子宫颈口固定后，轻轻用力将套管挤出或者推出 10～15 cm，使套管头部伸出子宫颈到达子宫体，然后通过套管将精液挤入子宫体内。低剂量深部输精技术在减少劳动力、提高精液利用效率、增加母猪繁殖力及降低猪场运行成本等诸多方面均比常规输精具有显著优势。宫内输精的每头份精液剂量为 40～

60 mL，精子活力不低于70%，精子畸形率不高于20%，精子总数为10亿～15亿个。

（二）猪人工授精的意义

猪人工授精技术是以种猪培育和商品猪生产为目的，能有效提高猪繁殖性能、降低生产成本的方法，是科学养猪、实现养猪生产现代化的重要手段。

1. 减少公猪的饲养数量　在自然交配的情况下，一头公猪配种负荷为1∶(25～30)；而采用人工授精技术进行常规输精，一头公猪配种负荷为1∶(50～100)；而采用深部输精技术，一头公猪配种负荷为1∶(200～250)。

2. 提高优秀公猪的配种效率　通过人工授精技术，可将优良公猪的优质基因迅速推广，从而有效地促进生猪遗传改良效果的不断提高。

3. 减少疾病的传播　人工授精的公、母猪，一般都是经过检查的健康个体，只要各环节严格按照规程进行操作，就可减少一些疾病，特别是生殖道疾病（不能通过精液传播）的传播，从而提高母猪的受胎率和产仔数。但无法防控通过精液传播的疾病如口蹄疫、非洲猪瘟、猪水疱病，以及精液可携带的病毒如伪狂犬病病毒、猪细小病毒。因此，用于人工授精的公猪必须进行疾病检测。

4. 提高母猪的繁殖性能　人工授精所用的精液都应经过品质检查，在确保质量后才能利用。适时配种可以提高母猪的分娩率和窝均产活仔数，尤其在夏季更为明显。

5. 克服体型差异，充分利用杂种优势　在自然交配的情况下，一头大公猪很难与一头小母猪配种，反之亦然；由于猪的喜好性，相互不喜欢的公、母猪也很难进行配种，这样对于优秀公猪的利用（应指定配种）和种猪品质的改良，会造成一定的困难；对于商品猪场来说，利用杂种优势，培育肥育性能好、瘦肉率高、体型好的商品猪，也会造成一定的困难。而利用人工授精技术，只要母猪发情稳定，就可以克服上述困难，根据需要进行配种，这样有利于优质种猪的利用和杂种优势的充分发挥。

6. **使异地配种成为可能** 采用人工授精可将公猪精液进行处理并保存一定时间，能做到保证精液质量和适时配种，从而促进养猪业经济效益的提高。

7. **提高劳动效率** 与自然交配相比，人工授精技术可减小劳动强度，缩短劳动时间，提高劳动效率。采用深部输精技术更能显著地减少输精时间，提高劳动效率。

二、精液采集与精液常温保存

（一）精液采集

1. **采精前的准备** 采精一般在采精栏进行，并通过双层玻璃窗口与精液处理室相连。目前，大型公猪站通常采用气泵将精液传送至较远的精液处理室，可减少实验室被污染的机会。采精之前应进行如下准备。

（1）稀释液的准备 以50 g重量的猪精液稀释粉为例。将1.5 L或2 L的食品保鲜袋或聚乙烯袋内套在2 L的塑料杯中，然后将50 g的猪精液稀释粉倒入袋中，把该盛有稀释粉的塑料杯放在千分之一或万分之一的电子天平上归零后，往袋中倒入1 000 g去离子水或纯净水。把塑料杯中盛有稀释液的袋子取出，混匀后放入38.5 ℃的水浴锅中预热。稀释液预热时间一般不低于1 h。

（2）保温杯的准备 以食品保鲜袋或聚乙烯袋作为集精袋，内套在采精的保温杯中，用灭菌玻璃杯或温度计把缩在保温杯内的集精袋理顺，以防止其堵在保温杯口。工作人员只能接触集精袋套在保温杯的外口部分，用过滤精液的专用滤纸或消毒干净的四层纱布（要求一次性使用，若清洗后再用，纱布的网孔增大，过滤效果较差）罩在杯口上，并用橡皮筋把集精袋口连同滤纸或纱布边缘一起箍紧在保温杯外口上，盖上盖子，放入37 ℃的恒温箱中预热，冬季更应重视预热。采精时，拿出保温杯，传递给采精室的工作人员；当处理室距采精室较远时，应将保温杯放入泡沫保温箱，然后带到采精室，这样做可以减少低温对精子的刺激。

（3）采精室的准备 采精前先将假台猪周围清扫干净，特别是公猪副性腺分泌的胶状物，这些胶状物易使公猪滑倒造成公猪扭伤。采精栏的安全角应避免放置物品，以利于采精人员因突发事情而转移到安全的地方。采精室内避免积水、积尿，不能放置易倒或能发出较大响声的物品，以免影响公猪的射精。

（4）公猪的准备 采精之前，应将公猪包皮部的积尿挤出，若阴毛太长，则要用剪刀剪短，以利于采精和减少细菌污染。将待采精公猪赶至采精栏，用水冲洗干净公猪全身特别是包皮部，用0.01%高锰酸钾溶液清洗其腹部及包皮，再用清水洗净，并用毛巾擦干净包皮部，避免采精时高锰酸钾残留液滴、清水等滴入精液，导致精子死亡、污染精液，甚至疾病传播。

（5）选取采精栏 第一代采精栏有安全逃逸设施、传递窗等（图4-1）；为了防止公猪对采精员袭击造成伤害，提出了采精时人猪分离的第二代采精栏（Reicks栏，图4-2）；深坑式采精栏实现了采精员站立操作，结合相应的设备可进行自动采精（图4-3）。

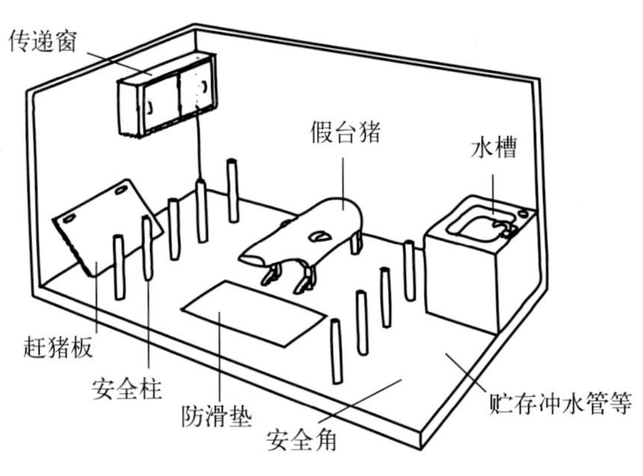

图4-1 第一代采精栏示意

图 4-2　第二代采精栏（Reicks 栏）

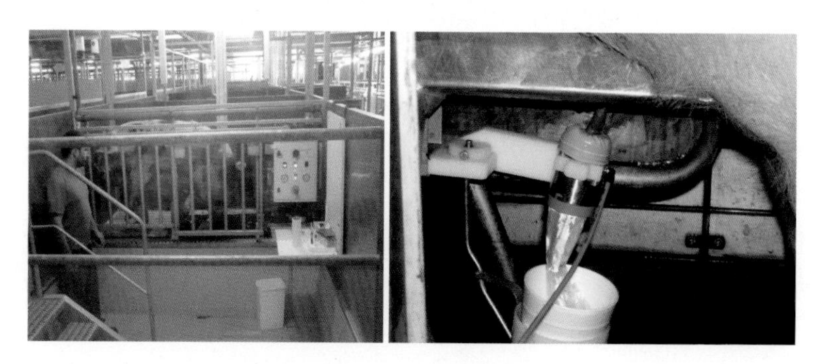

图 4-3　第三代采精栏（自动采精）

2. 采精的方法　公猪精液的采集方法一般有两种：假阴道采精法和手握采精法。目前生产中以徒手采精法为主。

（1）假阴道采精法　利用假阴道提供类似母猪阴道的压力、温度、润滑度等，诱使公猪射精而获得精液的方法。这种方法生产不常用，但是现在自动采精技术就是类似假阴道采精的原理，达到自动采精的目的。

（2）手握采精法　这种方法目前在国内外养猪生产中被广泛应用。操作人员采精的手需戴两层手套，里面戴采精用的乳胶手套，外层戴宽松的 PE 手套。在正式采精之前，需要对公猪进行抚摸亲近、清洗外阴包皮和排出包皮内的积液等，当猪的阴茎伸出时迅速脱掉外层 PE 手套，并握住阴茎头部螺旋位置，用食指或无名指扣住阴茎的螺旋部。通过手握的压力变化刺激阴茎头部，公猪很快就会射精，公猪射精后停止压力变化并维持恒定压力和调整手握的力度，以阴茎不从手中脱落为宜。猪射精的时候，开始主要以副性腺分泌液为主，精子密度很低且颜色清亮，该段精液一般含有脱落的上皮组织和混有一些细菌，因此这段精液不接入集精杯中；当射出的精液颜色变为白色或混浊时，表明精液中精子密度增加，应及时接入集精杯中；而射精的最后阶段，主要为副性腺分泌的胶状物，精子密度也很低，可以不接入集精杯中。当实施手握法采精操作时，即使不收集最后一段精液，也要坚持让公猪射精完全，以保证公猪足够的射精量，维护公猪正常的生理功能。

采完精后，公猪一般会自动跳下母猪台，但当公猪不愿下来时，可能是还要射精，故工作人员应有耐心。对于那些采精后不下来而又不射精的公猪，应将其赶下母猪台，并送回公猪栏。对于采集的精液，先将滤纸或纱布及上面的胶体丢弃，然后将卷在杯口的精液袋上部撕去，或将上部扭在一起，放在杯外，盖上采精杯杯盖，迅速传递到精液处理室进行检查、处理。

（二）精液品质评定

精液品质检查除可以鉴定精液质量之外，还可以衡量公猪配种负担能力，以及公猪营养水平和生殖功能，为精液稀释、保存、运输和使用效果提供判断依据。精液检查指标主要有：精液量、颜色、气味、精子密度、精子活力、酸碱度、精子畸形率等。整个检查过程要迅速、准确，一般在 3～5 min 完成。

1. **精液量**　后备公猪的射精量一般为 150～200 mL，成年公猪为 200～300 mL，有的高达 700～800 mL。精液量的多少因品种、品系、年龄、采精间隔、气候和饲养管理水平等不同而不同。精液量的评定采用电子天平（精确至 1 g，最大称重 3～5 kg）称量，按每克 1 mL 计。转换原精的盛放容器将导致较多的精子死亡，因此勿将精液倒入量筒内评定其体积。

2. **颜色** 正常精液的颜色为乳白色或灰白色，精子的密度愈大，颜色愈白；精子密度越小，颜色越淡。如果精液颜色有异常，则说明精液不纯或公猪生殖道病变，如呈绿色或黄绿色时则可能混有化脓性的物质；呈淡红色时则混有血液；呈淡黄色时则可能混有尿液等。凡发现颜色有异常的精液，均应弃去不用，同时对公猪进行对症治疗。

3. **气味** 正常的公猪精液含有特有的微腥味。有特殊臭味的精液一般混有尿液或其他异物，一旦发现，不应留用，并应检查采精时操作是否正确，找出出现问题的原因。

4. **酸碱度** 可用 pH 试纸进行测定。一般来说，精液的 pH 偏低，则精子活力较好。生产上通常不检查精液的 pH。

5. **精子密度** 指每毫升精液中含有的精子数量，是用来确定精液稀释倍数的重要依据。正常公猪的精子密度为 2.0 亿～3.0 亿个/mL，有的高达 5.0 亿个/mL。精子密度的检查方法有以下两种。

(1) 精子密度仪法 现代化养猪企业多数采用这种方法。此法极为方便，检查所需时间短，重复性好，仪器使用寿命长。其基本原理是精子透光性差，精清透光性好。选定 550 nm 一束光透过 10 倍稀释的精液，光吸收度将与精子的密度呈正比的关系，根据所测数据，查对照表可得出精子的密度。该法测定精子密度的误差约为 10%，但该误差在生产上是可以接受的。当然，如果精液有异物，该仪器也会将它作为精子来计算，应适当考虑减少这方面的误差。总之，该设备是目前猪人工授精中测定精子密度最适用的仪器。

(2) 细胞计数法 该法最准确，但速度慢，其具体步骤为：以微量取样器取具有代表性的原精 100 mL，3% 的氧化钠溶液 900 mL，混匀后，取少量放入血细胞计数板的槽中，在高倍镜下计数 5 个中方格内精子总数，将该数乘以 50 万即得原精液的精子密度。该方法可用来校正精子密度（图 4－4）。精子密度非常高时，也可适当扩大稀释倍数。

6. **精子活率** 精子活率是指直线前进运动的精子占总精子的

百分率。精子活率的高低关系到配种母猪受胎率和产仔数的高低，因此每次采精后及使用精液前，都要进行活力的检查，以便确定精液能否使用及如何正确使用。在我国精子活率一般采用10级制，即在显微镜下观察一个视野内的精子运动，若全部直线运动，则为1.0级；有90%的精子呈直线运动则活率为0.9；有80%的精子呈直线运动，则活率为0.8，依此类推。鲜精液的精子活率以大于或等于0.7才可使用，当活率低于0.6时，则应弃去不用。

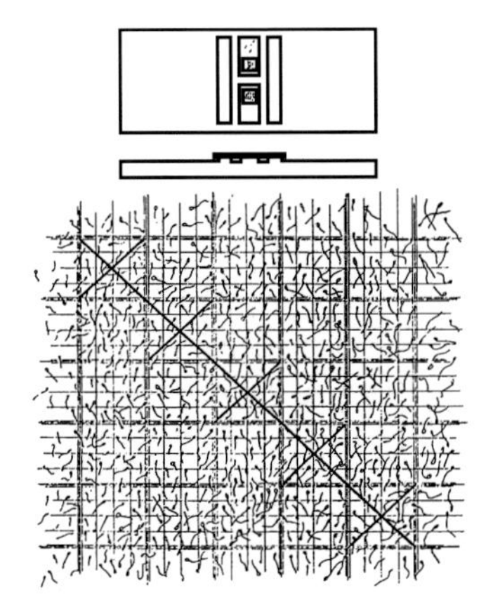

图4-4　血细胞计数板示意

评定精子活率应注意：① 取样要有代表性。② 观察活率用的载玻片和盖玻片应事先放在37℃恒温板上预热，由于温度对精子影响较大，温度越高精子运动速度越快，温度越低精子运动速度越慢，因此观察活率时一定要预热载玻片、盖玻片，尤其是从17℃精液保存箱取样的精子，应在恒温板上预热30～60 s后观察。③ 观察活力时，应用盖玻片。否则，一是易污染显微镜的镜头，使之发霉；二是评定不客观，因为每次取样的量不同将影响活率的评定。④ 评定活率时显微镜的放大倍数要求100倍或150倍，而不是400倍或600倍。因为如果放大倍数过大，视野中看到的精子数量少，评定不准确。若有条件，可在显微镜上配置一套摄像显示仪，将精子放大到电脑屏幕上进行观察。猪精子活率与受精能力关系见表4-1。

7. **精子畸形率**　畸形精子指巨型精子、短小精子、断尾精子、断头精子、顶体脱落精子等（图4-5），一般不能直线运动，虽受精能力较差，但不影响精子的密度。精子畸形率是指畸形精子占总精子的百分率。若用普通显微镜观察畸形精子，则需染色；若用相差显微镜，则不需染色可直接观察。公猪的畸形精子率一般不能超过20%，否则应弃去。采精公猪要求每2周检查一次精子畸形率。

表4-1 猪精子活力与受精率估测值之间的关系

精子活力（%）*	N**	体外卵子穿透率（%）	分娩率（%）	产活仔数（头）
95.2	75	88.5^{w}	84.9^{x}	10.4^{x}
82.3	73	79.9^{wx}	87.8^{x}	10.2^{x}
76.1	64	84.2^{wx}	86.7^{x}	10.3^{x}
62.1	58	74.7^{x}	86.9^{x}	10.0^{x}
52.4	54	49.6^{y}	75.2^{y}	9.3^{y}
44.2	38	33.9^{y}	72.3^{y}	9.2^{y}
32.7	35	17.3^{z}	52.2^{z}	8.3^{z}
s. e. m.	/	6.2	4.3	0.3

注：* 种类中具有连续前行活力精子的平均百分数；** 每类中用于评定的精液数目；^{W,X,Y,Z}同一列上标字母不同的平均数之间差异显著（$P<0.05$）。

畸形精子的检查过程：①取原精液少量，以3%氯化钠溶液进行10倍稀释；②以伊红或姬姆萨为染液，对精子进行染色；③400～600倍显微镜下观察精子形态，计算200个精子中畸形精子所占的百分率（图4-6）。

生产公猪精液品质检查的基本原则如下：

（1）所有生产公猪每月必须普查精液品质一次，夏季可适当提高普查频率。

（2）精检不合格的公猪绝对不可以使用。

（3）所有的后备公猪必须在精液品质检查合格后方可投入使用。

精液品质不合格公猪的检查和处理程序如下：

（1）初次精检不合格的公猪，7 d后复检。

（2）复检不合格的公猪，10 d后采精一次废弃，间隔4 d后再采精检查。

（3）仍不合格者，10 d后再采精一次废弃，间隔4 d后做第4次检查。

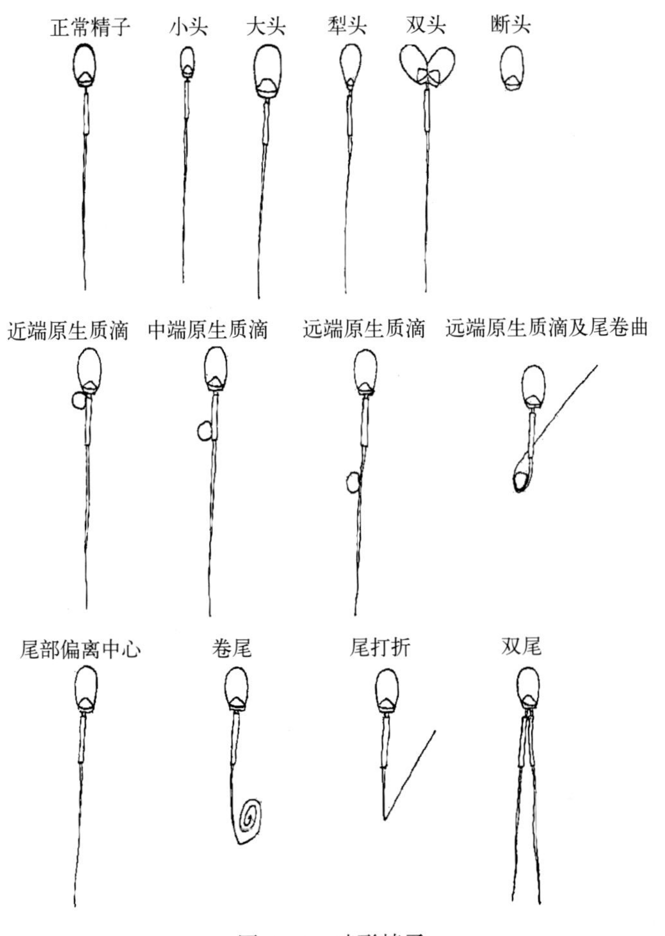

图 4-5　畸形精子

（4）经过连续 5 周 4 次精液检查，一直不合格的公猪建议作淘汰处理，若中途检查合格，视精液品质状况酌情使用。

（三）精液稀释

1. **稀释液成分**　稀释液应提供精子良好的生存环境，保护精

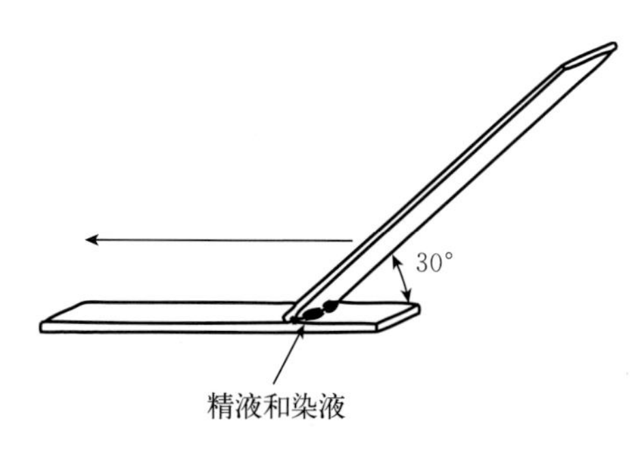

图 4－6　检测精子畸形率的涂片方法

子细胞膜的完整性，提供精子可以吸收的营养物质，在不影响精子活力和受精力的前提下抑制精子代谢，使之处于可逆的休眠状态。

稀释液的主要成分包括：

（1）糖类　葡萄糖、果糖等，提供能量。

（2）弱酸盐　柠檬酸钠、碳酸氢钠等，提供 pH 缓冲环境。

（3）强酸盐　氯化钾等，提供渗透压。

（4）EDTA 二钠　螯合二价阳离子。

（5）抗生素　青霉素链霉素等。

（6）水　水质对精子的影响很大，要求使用双蒸水。

2. 稀释液的种类　稀释剂通常呈固体的粉状，溶解后，液态时 4 ℃保存不超过 48 h。抗生素应在稀释精液时加入到稀释液中，加入时间过早易失去效果。

稀释剂分为短效、中效和长效等类型，短效稀释剂一般要在 3 d 内使用，但无论何种稀释粉配方稀释的精液，应尽快输精以减少精液体外保存时间。

3. 稀释液的配制　购买或自配的稀释粉用双蒸水进行溶解，可用磁力搅拌器促进溶解。溶解后，若有杂质，用滤纸进行过滤，因精子有向异性，若有异物则容易凝聚死亡。调节稀释液的 pH 在 7.2 左右（6.8～7.4）。稀释液配好后及时贴上标签，标明品名、配制时间和经手人等。然后，在水浴锅内进行预热，以备使用，也可配制好后先贮存，但要在 48 h 内使用完。

稀释粉要求提前1 h溶解，这样才有稳定的pH，稀释后对精子的影响较小。因为稀释粉刚溶解于水时，各离子之间相互作用，尚未达平衡的稳定状态，pH变化较大（图4－7）。

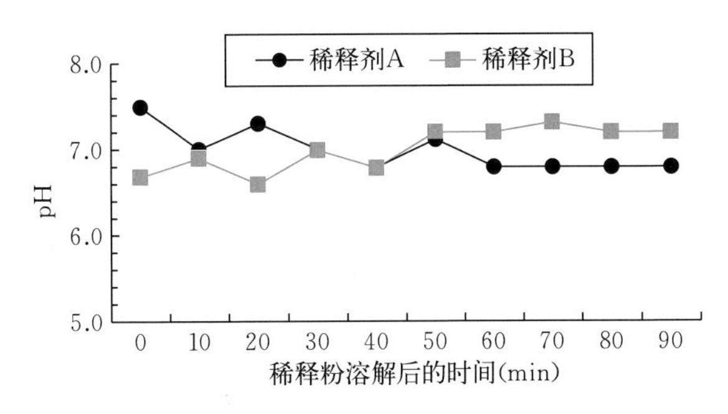

图4－7　两种稀释粉溶于水后pH的变化曲线

4. 精液稀释的目的　猪原精如果不经过稀释，在体外活力很快下降，而且很快失去受精能力。这是因为精清中能量和保护物质不足以维持精子长时间运动，使精子在体外的保存时间缩短（图4－8）。精液的稀释就是以稀释液降低精子的密度，为精子提供营养、缓冲物质，并维持适当的渗透压和pH，以利于精子的保存。因此，原精液应尽快稀释。

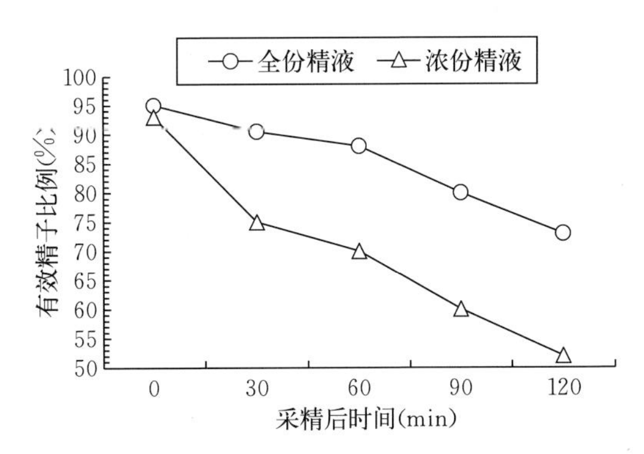

图4－8　原精有效精子比例随时间变化曲线

综上所述，精液稀释的目的在于：

（1）扩大精液的体积。经稀释后一次采得的精液可供10～30头母猪配种。

（2）提供精子生存所需的营养物质。精子一旦形成，只能消耗周围介质中的营养物质来维持其活动。

（3）使精子休眠，延长其存活时间和受精能力。弱酸性的环境能抑制精子活动，弱碱性的环境则促进精子的活动，所以稀释液要求呈弱酸性，以延长精子寿命。

（4）抑制精液中有害微生物的活动和繁殖，减少母猪因配种而感染疾病的机会。在精液稀释液中常用抗生素有青霉素、链霉素、庆大霉素、氨苄西林等。

（5）便于精子的保存和运输。稀释后的精液中降低了精清的比例，使精清对促进精子运动的作用减缓，可以有效地延长精子具备受精能力的时间。

5. 精液稀释方法

（1）确定稀释液用量

① 输精剂量　常规输精每头份精液量一般要求为80～100 mL，不能少于70 mL，否则可能影响母猪的分娩率和窝均产仔数。深部输精精液量和总精子数可以减半。

② 每头份精液含总精子数　每头份精液含总精子数一般不低于25亿～30亿个，不同国家、不同稀释液配方，输入的总精子数有一定区别。目前我国国标规定每头份精液含总精子数为40亿个。生产企业已将每头份的总精子数降至25亿～30亿个。

③ 确定稀释液用量

A. 原精活力≥0.7。

B. 用电子天平称量原精全精重量，如200 g，取200 mL。

C. 以精子密度仪评定精子密度，如3亿个/mL。

D. 每头份精液量为100 mL。

E. 每头份含总精子数40亿个。

F. 本次采精获得总精子数为：200 mL×3亿个/mL＝600亿个。

G. 本次采精可稀释的头份数为：600 亿个/40 亿个=15 头份。

H. 200 mL 原精液应稀释至：15 头份×100 mL=1 500 mL。

I. 应添加稀释液为：1 500 mL−200 mL=1 300 mL。

（2）操作方法

① 调节稀释液的温度与精液一致（两者的温差在 1 ℃以内），注意必须以精液的温度为标准来调节稀释液的温度，不可逆操作。

② 把装在食品袋中的精液移至 2 000～3 000 mL 大塑料杯中，将等温稀释液沿杯壁缓慢加入到精液中，轻轻搅匀或摇匀。注意绝不能将精液倒入稀释液，否则将导致大量精子死亡。

③ 如需做高倍稀释，先进行 1∶1 低倍稀释混匀，1 min 后再将剩余的稀释液缓慢加入。不能将稀释液直接倒入精液，因精子需要一个适应过程。也可以先将稀释液慢慢注入精液一部分，搅拌均匀后，再将稀释后的精液倒入稀释液中，这样有利于提高精子的适应能力和保证稀释精液的均匀混合。不论何种稀释方法，都要边稀释边摇晃，使稀释液及时散开到精液中，避免精液因局部“超稀释”对精子造成损伤。精液稀释的成败，与所用仪器的清洁卫生有很大关系。所有使用过的烧杯、玻璃棒及温度计，都要及时用蒸馏水洗涤，并进行消毒。

④ 精液稀释的每一步操作均要检查精子活力，精子活力下降必须查明原因并加以改进。

⑤ 稀释后要求静置片刻再做精子活力检查，精子活力前后没有明显降低，便可以进行分装。

⑥ 稀释后的精液也可以采用大包装集中贮存，但要在包装上贴好标签，注明公猪的品种、耳号及采精的日期和时间。

6. 混合精液

（1）混合精液的优点　混合精液指两头或两头以上公猪精液混合后输精，可用于商品猪繁殖生产，以期提高母猪的繁殖性能（图 4-9）。由于精液品质与受精能力之间没有必然的联系，因此精子受精能力无法通过精液品质进行判断。不同公猪精子存在受精能力差异，通过精液混合，不仅可以提高精液稀释保存效果，而且能提高母猪分娩率和产仔数。但有时公猪精液混合后，受精能力可能降低，可通过观察混合精子活力的手段来避免这种情况的发生。

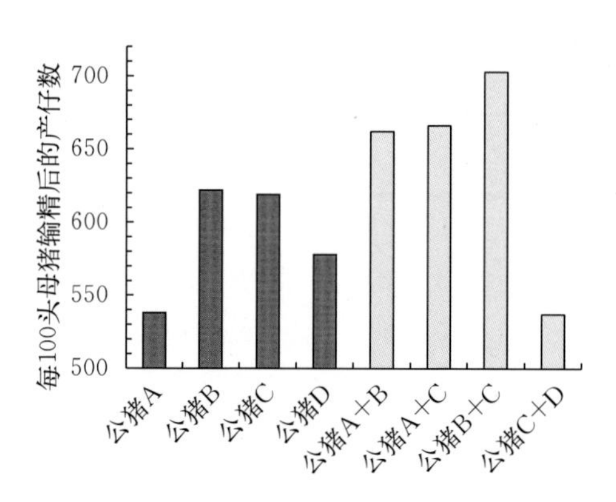

图 4-9　混合精液输精对母猪产仔数的影响

(2) 混合精液的方法

① 精液混合量不应超过一次处理的能力。

② 倒掉所有不合格的公猪精液。

③ 新鲜精液首先按 1∶1 稀释，根据精子密度和混合精液的量记录需加入稀释液的量。

④ 将部分稀释后的精液放入水浴锅保温。

⑤ 重复上述处理，收集接下来 3～4 头优秀品质公猪的精液。

⑥ 计算剩余需加入稀释液的量。

⑦ 将所要混合的精液置于足够大的容器。

⑧ 加入剩余稀释液（要求与精液等温）。

⑨ 也可将公猪精液按密度稀释到最终浓度，然后混合，再进行分装。

(四) 精液的分装与贮存

1. 精液的分装　精液分装，有瓶装、管装和袋装三种方式。装精液用的瓶、管和袋均为对精子无毒害作用的塑料制品。瓶子上面有刻度，刻度最大值为 100 mL；袋子上刻度的最大值为

80 mL。

精液分装前先检查其活力，若无明显下降，按每头份 80～100 mL进行分装。分装后将精液瓶盖拧紧密封，密封前尽量排出瓶中空气，然后贴上标签，标签上标明公猪的品种、耳号及采精日期与时间。将分装后的集精瓶放在室温 22～25 ℃下避光放置，平衡 1～2 h，或用几层干毛巾包好，直接放在 17 ℃（16～18 ℃）的精液保存箱中保存。

2. 精液的贮存　猪精液保存常采用常温保存，其保存温度为 17 ℃（16～18 ℃），温度越高，精子运动快，保存时间越短；温度越低，精子运动速度越慢，保存时间越长。因此，温度越低，保存效果越好。但是，当温度降至 0～10 ℃时，精子将出现冷休克而死亡。这主要是因为精子的膜是由缩醛磷脂组成的液态选择性通透性膜，缩醛磷脂在温度低于 10 ℃将呈固态，使精子膜的通透性改变，引起精子死亡。生产中避免精子冷休克的方法主要是精液中加入卵磷脂，平衡一定时间，卵磷脂可置换精子膜上部分缩醛磷脂，从而达到抗冷休克的作用。因为卵磷脂与缩醛磷脂结构相似，但在 0～10 ℃温度范围仍呈液态，可使精子膜保持原有的选择性。卵磷脂在牛奶和蛋黄中富含，一般加入新鲜煮沸的牛奶或新鲜除去卵膜的蛋黄，称为抗冷休克物质，目前所用的猪常温保存精液的稀释液皆没有加入抗冷休克物质，因此稀释后的精液温度一定不能低于 10 ℃，最好不要低于 15 ℃。

稀释分装后的精液，放入精液保存箱时，不论是瓶装或是袋装，均应平放，这样可增加精子沉淀面积，减少精子的积累，避免精子出现假死亡，从而影响精子质量的判断。因精液放置一定时间，精子将沉淀堆积在瓶底部，造成精子假死亡，故从放入冰箱开始，每隔 12 h 要摇匀 1 次精液（上下颠倒）。对于猪场来说，可在早、晚各摇匀 1 次。为了便于监督，每次摇动的人都应有摇动时间和人员的记录。尽量减少精液保存箱门的开关次数，防止因频繁升温或降温对精子造成损伤。保存过程中，一定要注意精液保存箱内温度计的变化，防止温度出现明显波动。

（五）精液运输

精液运输过程中保温和防震非常重要，将极大地影响运输精液的品质。

保温条件做得好，即使运输距离较远，精子活力下降也不明显，母猪受胎率和产仔数仍很高；做得不好，就是同一场内使用，死精率也会很高，输精效果会很差。高温的夏季，一定要在双层泡沫保温箱中放入预冷热稳定物质，再放置精液进行运输，以防止因天气过热而死精增多；严寒的季节，要用保温用的预热热稳定物质在保温箱内保温。现在条件较好的公猪站已经采用专业的精液运输箱或精液运输车进行精液运输。

震动本身对精子活力影响不大，但是当精液瓶或袋中留有较多空气没有排出的时候，精液与空气接触的震动，可引起精子的死亡。因此，在分装精液时，一定要尽量排空瓶中空气，防止精子活率的下降。

精液的运输必须注意以下几点：

（1）精液在运输之前必须经过严格检查，活力低于0.7的精液严禁调出，公猪站调出的精液必须标签清楚，标签不明或无标签的精液，用精单位有权拒收。

（2）尽量排出空气，减少在运输过程中的震荡。

（3）精液经过运输后，需要检查精子活率，合格后方可接收。

（4）输精前，必须对同编号的精液抽样检查，液态常温保存的精液在37℃下活力应不低于0.6（≥0.6），方可使用。

（六）猪精液剂型

公猪常温精液分装剂型常见有三种：瓶装、管装和袋装（图4-10）。

1. 瓶装精液 优点是使用普遍，方便分装。缺点是运输贮存时体积大，运输保存效率低；精液保存时精子沉淀聚集，瓶装精液因接触面积小，聚集较高度厚，导致精子保存效果下降。常规输精时，需要瓶底打孔或人为挤压集精瓶才能保证精液被子宫收缩产生的负压吸纳进入母猪生殖道。

2. **管装精液**　优点是体积相对瓶装要小，输精时吸纳效果比瓶装要好。缺点是分装时需要专用设备，在我国使用不普遍，主要在丹麦等国家应用较多。

3. **袋装精液**　优点是运输保存方便，体积小；输精时不用打孔，可以自行吸纳；精子沉积后，平铺面积大，保存效果好。缺点是分装时需要专用设备。目前袋装精液使用越来越普遍。

图 4－10　公猪常温精液瓶装、管装、袋装三种分装方式

三、低温精液和冷冻精液

（一）低温精液

精液低温保存的温度是 0～5 ℃，低温保存的精液即是低温精液。精液低温保存的原理是在稀释液中加入抗冷物质，防止精子冷休克，利用低温来抑制精子活动，降低代谢和能量消耗。当温度回升后，精子又可以恢复正常代谢机能和受精能力。精子对低温较敏感，从常温急剧降低到低温（0～5 ℃）会发生冷休克，因此稀释

液中要添加奶类、卵黄等抗冷冻物质，并且要缓慢降温，温度从30 ℃降至5 ℃时每分钟降温0.2 ℃，用1～2 h完成降温。

猪低温精液制作过程中需要的奶类，来自于新鲜牛奶煮沸冷却后，去除奶皮过滤后获得；而需要的卵黄要求来自无特异性病源的新鲜鸡蛋。尽管科研人员一直致力于无动物源的低温精液稀释液配方，但目前市场上还无成功应用的猪精液低温稀释液商品。

（二）冷冻精液

1. 精液冷冻保存的意义

（1）精液冷冻可充分提高优良公猪的利用率，并保证大量母猪的配种需要，加快种猪群的品种改良，推进育种进步。

（2）精液冷冻保存便于开展公猪精液交流。

（3）精液冷冻保存可使发情母猪配种不受时间与地域限制。

（4）精液冷冻保存推进种猪繁殖新技术如定时输精与批次化生产的应用。

（5）精液冷冻保存是建立种猪精液基因库的重要手段。

2. 精液冷冻保存原理

冷冻精液是指精液经过特殊处理后保存在超低温（－196 ℃）下，精子的代谢活动完全受到抑制，其生命在静止状态下长期保存，当温度回升后又能复苏，且具有受精能力。

精液冷冻过程是在渗透性或非渗透性抗冻保护剂的作用下，在精液降温平衡过程中使精子中的水分被冷冻保护剂充分置换出来，然后利用快速降温的方法，使精子内的水分形成玻璃化，降低冰晶化的产生。冰晶是造成冷冻精子死亡的主要因素，其对精子的伤害表现在物理伤害和化学伤害两个方面。

（1）物理伤害 冰晶化是水在一定温度下，水分子重新按几何图形排列形成冰晶的过程。精子水分若形成冰晶，其体积增大且形状不规则，由于冰晶的扩展和移动，造成精子膜和细胞内部结构的机械损伤，引起精子死亡。虽然在冷冻过程中，细胞内形成冰晶是不可避免的，但只要不形成对生物细胞足以造成物理性损伤的大冰晶，而是维持在微晶状态，细胞将不会受到损伤。Mazur 等（1984）证实，如果在冰晶形成之前失去90%的水分，剩余10%的水分形成冰晶的概率可以忽略不计。

（2）化学伤害 由于冰晶的生成破坏了溶液内溶质分布的均衡性，形成精子周围局部高渗，水由精子内迅速向外跨膜流动，造成细胞快速脱水，从而使精子发生不可逆的化学伤害而死亡。冰晶越大，危害越大，而冰晶化是在−60～0 ℃温度范围内，缓慢降温条件下形成，降温越慢，冰晶越大。−25～−15 ℃时形成的冰晶最多，对精子危害最大。因此，在冷冻精液过程中，只有快速通过−60～0 ℃有害温区，才会较少形成对精子有害的冰晶。

水玻璃化状态是超低温下，水分仍保持原来的无序状态，与周围大分子形成玻璃样的坚硬而均匀的团块，形成玻璃化温度区域（−250～−60 ℃）。这样环境条件下的精子不会发生细胞快速脱水，细胞结构维持正常。在解冻复苏过程中，冷冻精子同样会经过−60～0 ℃冰晶形成的温区。因此，需要快速解冻。

稀释液中抗冻保护剂一般为甘油和二甲基亚砜，均可增强精子的抗冻能力和有效预防冰晶的形成。甘油与水分子可通过氢键结合，阻抑水分子形成冰晶，使水处于过冷状态，降低水形成冰晶的温度，缩小危险温度区。但甘油浓度过高对精子有毒害作用，可能造成其顶体和颈部损伤，尾巴弯曲及某些酶类破坏，降低其受精能力。二甲基亚砜虽然毒性较甘油小，但实践表明，二甲基亚砜对猪精子的抗冷冻保护能力也比甘油小，因此在猪冻精生产中甘油仍为最主要的冷冻保护剂。

3. 精液冷冻保存过程 冷冻精液的冷源通常采用液氮，其温度为−196 ℃。早期也用干冰（固体二氧化碳）（−79 ℃）作为冷源。公猪精液采集后，要进行离心浓缩，再进行冷冻液的稀释。

（1）精液稀释 冷冻前的精液稀释方法有一步稀释法和两步稀释法。

①一步稀释法 是指采出的精液与含有甘油抗冻剂的稀释液按稀释比例同温稀释，使每一剂量中解冻后所含直线运动的精子数

量达到规定标准。

② 两步稀释法　是为了减少甘油抗冻剂对精子的化学毒害作用，采出的精液先用不含甘油的第一液稀释至最终倍数的一半，然后使第一次稀释后精液的温度经过 1～1.5 h 降到 4～5 ℃，再用含甘油的第二液在同温下做等量的第二次稀释。

（2）分装与平衡

① 分装　目前通常采用细管分装，规格为 0.5 mL 和 1 mL。早期曾经用 5 mL 细管，效果不理想。

② 平衡　将稀释的精液缓慢降温至 4～5 ℃，并在此环境下放置一定时间，以增强精子的耐冻性，这个处理过程叫平衡。

（3）精液冷冻　将冷冻样品平放在距液氮面 2～2.5 cm 的铜纱网上，冷冻温度为－120～－80 ℃，停留 5～7 min，待精液冷冻后移入液氮。目前精液冷冻采用程序冷冻仪，但冷冻仪设备较为贵，且操作比较繁琐。在养猪生产中，使用精液滴冻的方法制作颗粒冻精，仍具有一定的现实意义。

（4）冻精解冻　解冻方法直接影响解冻后精子的活力。通常采用温水解冻（30～40 ℃）。解冻时，控制解冻的时间非常重要。冷精的解冻活率达到 0.6 以上，才可使用。

（5）冻精保存　冷冻后的精液保存在液氮中，保证冻精浸入液氮液面以下。

4. 精液冷冻效果　公猪精液冷冻效果一直不理想，与精子对低温非常敏感有关。近几年，国内少数公司掌握了公猪精液冷冻关键技术，冷冻精液解冻后效果很好，在养猪生产上有一定的应用。

四、人工输精过程

（一）人工输精前的准备

1. 母猪的准备　经过发情鉴定已确定要输精的母猪，放置在输精栏。输精前用 0.1%的高锰酸钾溶液清洗母猪外阴，再用清水洗去高锰酸钾残留，用干净的干毛巾或纸巾擦拭干净；或者直接以清水清洗母猪外阴，再用干净的干毛巾或纸巾擦干即可进行输精。应注意高锰酸钾溶液浓度的控制，防止对母猪外阴部产生腐蚀性。消毒后需用清水清洗，并用纸巾擦拭干净，高锰酸钾和水残留都会杀死精子。输精前 1 h 内发情母猪不再接触公猪，或有公猪在场的时候输精。

2. 输精器材的准备　用一次性输精管，分后备母猪使用和经产母猪使用两类。根据输精时精液到达的部位不同，分常规输精管（宫颈输精管）和深部输精管（宫内输精管）。输精前在输精管头部涂抹润滑液，防止擦伤母猪生殖道。目前，市场上有些输精管的头部已做了预润滑处理，可省去输精时涂抹润滑液，减轻了操作人员负担。此外，使用集精瓶进行输精时，可准备剪刀和针头，在输精的时候刺破集精瓶，以便精液顺利流入母猪生殖道。

3. 精液的准备　公猪的常温精液放置在保温箱中，温度不能低于 15 ℃，绝对不能低于 10 ℃。精液从 17 ℃冰箱取出一般不需要升温，直接用于输精，但检查活力需将玻片热至 37 ℃。因为如果升温，而生产现场没有保温条件，且环境温度较低，将引起精液很快降温，这样短时间内升温、降温，会引起精子大量死亡。

4. 输精员的准备　输精员身着工作服要整洁干净，手要洗净擦干。输精员是否有责任心和耐心，对母猪繁殖成绩影响很大，因此不同输精员之间输精效果差异很大。企业要培养输精员的责任心、提高输精员的技术水平。每头母猪发情输精要固定一位输精员完成输精工作，经过半年或一年统计，分析其所负责母猪的分娩率和产仔数，按成绩进行奖罚，并及时发现存在问题的输精员，进行岗位调换（图 4－11）。

（二）适时输精

1. 经产母猪断奶后发情时间　经产母猪断奶后一般在 1 周之内出现发情。饲养管理正常的猪群，其母猪发情应符合一定规律，多数母猪集中断奶后 4～7 d 出现发情，比例应超过 90%。少数母猪断奶后 1～3 d 或超过 7 d 出现发情（图 4－12）。

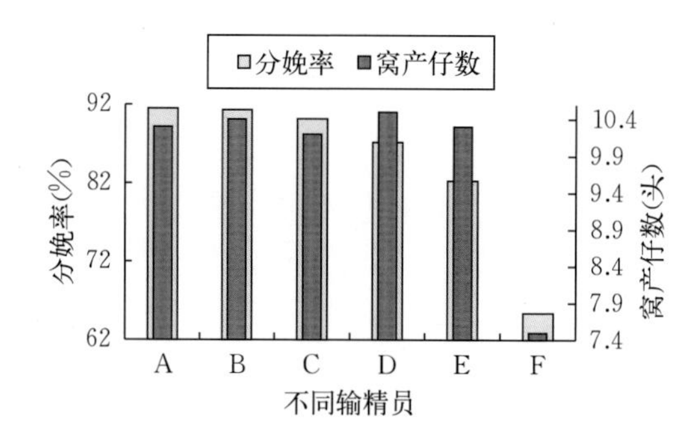

图 4-11 不同输精员输精后对母猪分娩率和产仔数的影响

（引自张守全等，2002）

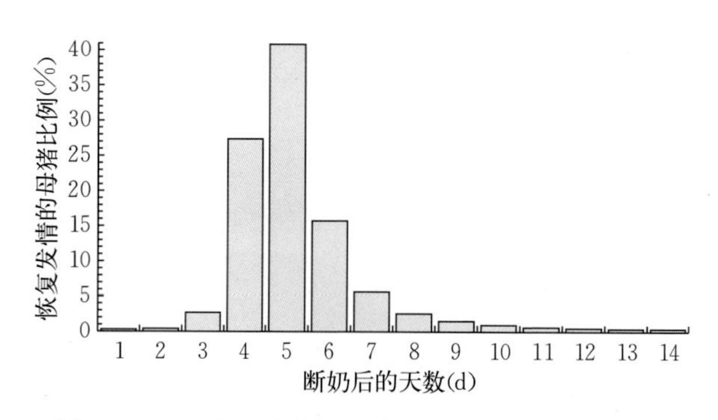

图 4-12 经产母猪断奶后恢复发情母猪占比的分布

2. **经产母猪发情持续时间** 母猪发情持续时间比例是按一定规律分布的，多数母猪发情持续期为 32～64 h。少数母猪发情时间持续较短或较长均属正常（图 4-13）。

3. **断奶后出现发情时间、发情持续期与排卵时间之间的关系** 经产母猪断奶后出现发情时间、发情持续期与排卵时间之间具有一定的相关关系（图 4-14）。如图 4-14 所示，母猪断奶后出现发情时间越早，发情持续时间越长，排卵出现时间越迟；母猪断奶后出现发情时间越迟，发情持续时间越短，排卵出现时间越早。

4. **适时输精** 准确的输精时间可提高母猪的受胎率和产仔数。输精时间决定于排卵时间，卵子排出后在输卵管内维持受精能力的

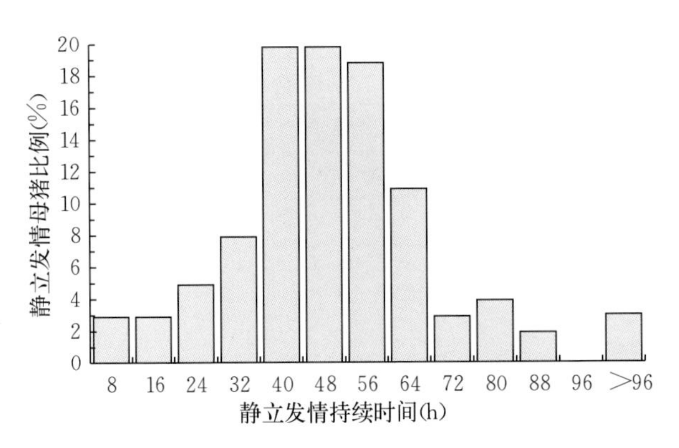

图 4－13　经产母猪发情持续时间占比的分布

（引自张守全，2007）

时间为 8～10 h，精子维持受精能力时间为 24～48 h，精子在受精之前需要 2～6 h 才能获能。可见，对于断奶后 6 d 内发情的经产母猪，观察到稳定静立发情后 12～24 h 进行首次输精；对于断奶后 6 d以上发情的经产母猪、后备母猪、返情母猪，观察到稳定静立发情后立刻进行首次输精（表 4－2）。

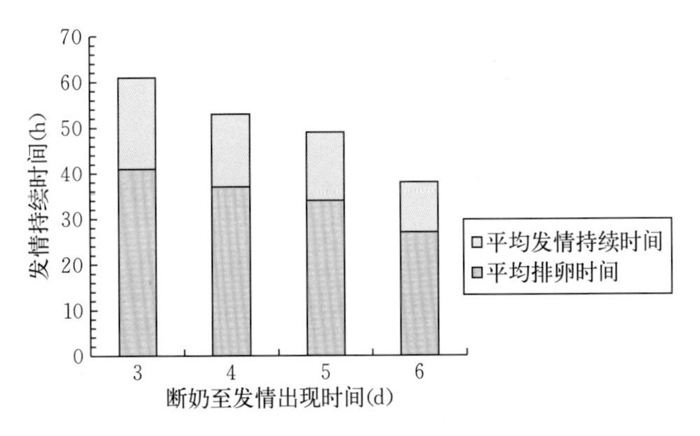

图 4－14　断奶至发情出现时间间隔、发情持续时间和排卵出现时间之间的关系

（引自张守全，2007）

表 4-2 发情母猪输精时间

断奶至出现发情时间	输精时间			
	上午（7:00—9:00）发情鉴定		下午（16:00—18:00）发情鉴定	
	输精 2 次	输精 3 次	输精 2 次	输精 3 次
3～5 d	上午2	上午2	上午2	上午2
	上午3	上午3	上午3	上午3
		下午3		下午3
6 d 以上	上午1	上午1	下午1	下午1
	上午2	上午2	下午2	上午2
		下午2		下午2
后备母猪、返情母猪	上午1	上午1	下午1	下午1
	上午2	下午1	上午2	上午2
		上午2		下午2

注：两次输精时间间隔至少 8 h；发现静立发情为第 1 天，“下午1”表示发情的第 1 天下午，下午输精时间为 16:00—18:00，上午输精时间为 7:00—9:30；要求后备母猪每天进行 2 次发情鉴定。

（三）输精技术

1. 宫颈输精（常规输精）

（1）输精过程

① 准备好输精栏、0.1% $KMnO_4$ 溶液、清水、抹布、剪刀、针头、干燥清洁的毛巾、精液等。将经发情鉴定后，待输精的母猪置于输精栏。

② 先用 0.1% $KMnO_4$ 溶液清洁母猪外阴周围、尾根，再用温和清水洗去消毒水，以干净的毛巾擦干外阴部水珠。

③ 将试情公猪赶至待配母猪栏前的走道（注：发情鉴定后，输精之前 1 h 以内，发情母猪不应再见到任何公猪，直至输精。否则，母猪将对公猪不产生“性趣”，导致输精效果差，甚至失败），要求母猪在输精时与公猪保持口鼻接触，同时要求固定公猪

（图 4－15）。输精栏的后部不应有横向的水管或固定物，否则会影响输精效果（图 4－16）。

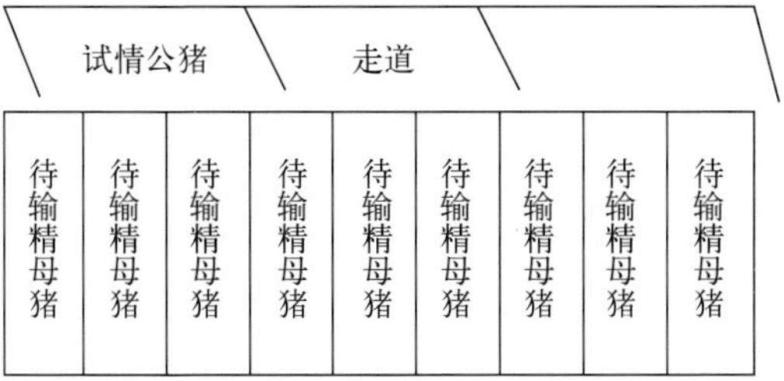

试情公猪　走道

待输精母猪　待输精母猪　待输精母猪　待输精母猪　待输精母猪　待输精母猪　待输精母猪　待输精母猪　待输精母猪

图 4－15　母猪输精栏示意

（引自张守全等，2002）

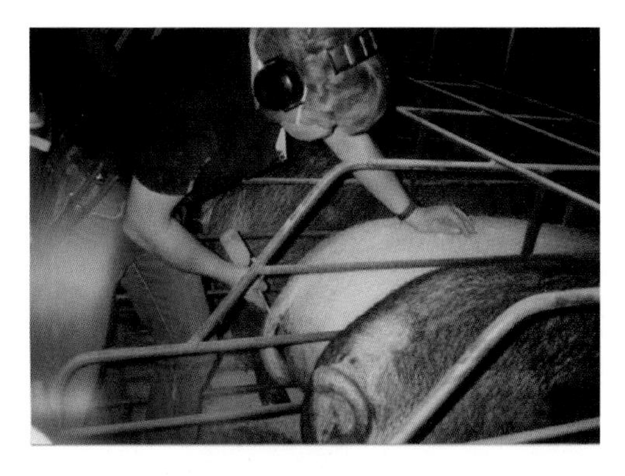

图 4－16　输精栏示意

（引自张守全等，2006）

④ 从密封袋中取出无污染的一次性输精管（手不准接触其前 2/3 部），在前端涂上对精子无毒的润滑液。

⑤ 用手将母猪阴唇分开，将输精管沿着稍斜向上方的角度慢慢向一个方向旋转插入生殖道内。当插入 10～30 cm 时会感到有阻力，此时输精管头部已到子宫颈口，用手再将输精管稍微回旋，输精管头部则停在子宫颈第 2～3 皱褶处。能感觉到输精管被锁定（图 4－17 和图 4－18），回拉时则会感到有一定的阻力，此时便可

进行输精。

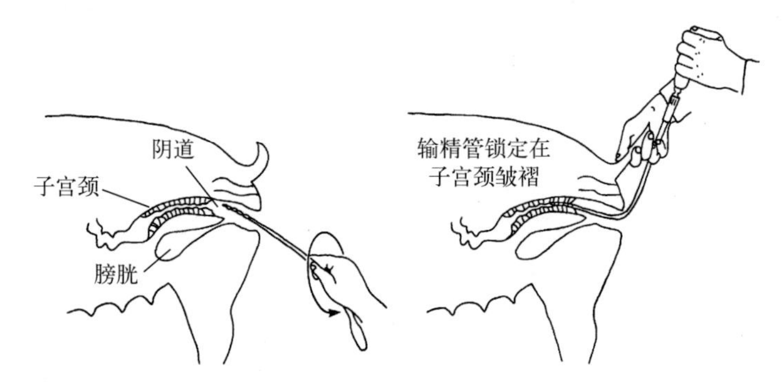

图 4－17　发情母猪输精示意

（引自 PIC，1996）

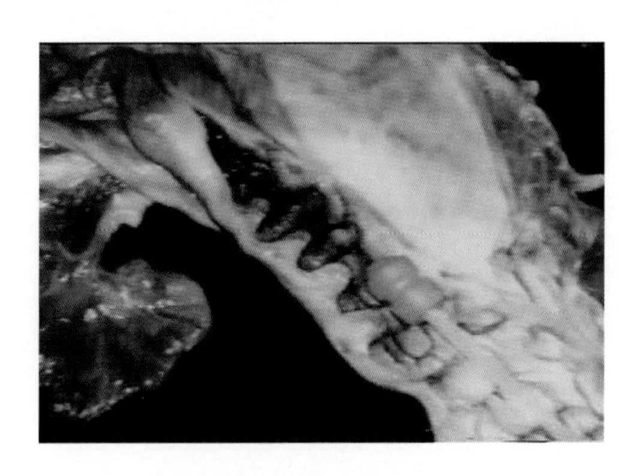

图 4－18　输精管插入母猪子宫颈 2～3 个皱褶位置

（引自张守全等，2002）

⑥ 从贮存箱中取出精液，确认标签正确。小心混匀精液，掰断或剪断瓶嘴，将精液瓶接上输精管，开始输精。

⑦ 轻压输精瓶，确认精液能流出，用针头在瓶底扎一小孔，按摩母猪乳房、外阴或压背（图 4－19），使子宫产生负压将精液吸纳，绝不允许将精液挤入母猪的生殖道内。

⑧ 控制输精瓶高低，调节输精时间，一般 5 min 左右输完，最快不要少于 3 min，防止精液吸纳过快导致精液倒流。

⑨ 为了防止精液倒流，输完精后，不要急于拔出输精管。应将精液瓶或袋取下，将输精管尾部打折，插入去盖的精液或袋孔内，这样既可防止空气的进入，又能防止精液倒流。输精管保持在子宫颈一段时间，可有效地刺激母猪分泌催产素，增强生殖道的收缩，加速精液向子宫深部流动，减少精液倒流机会。

⑩ 输完一头母猪后，立即登记配种记录，如实评分。输完后不应拍打母猪，否则将引起母猪应激，母猪分泌的肾上腺素将抵消催产素的作用，使母猪生殖道收缩突然停止，增加精液倒流的可能性。

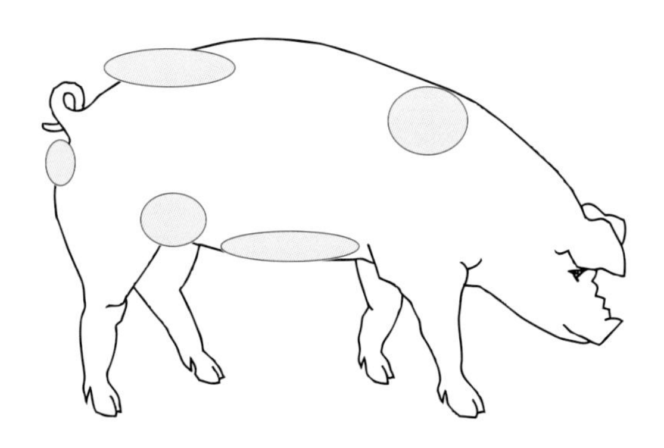

图 4-19　发情检查和输精时刺激母猪的敏感区域
（引自郭有海，1996）

（2）输精时的注意事项

① 母猪的后躯及输精栏必须清洁、干爽。

② 输精时要求有公猪在场，最好是唾液多的老公猪。

③ 输精时应尽量采用各种方法刺激母猪兴奋以增强母猪生殖道的收缩，使精液“吸入”母猪体内，绝对不可以将精液强行挤进子宫。

④ 输精完毕应继续刺激母猪约 1 min。

⑤ 如果可能，应尽量使用混合精液给母猪输精。

（3）输精操作的跟踪分析　输精评分的目的在于如实记录输精时具体情况，便于以后在返情、失配时查找原因，制定相应的对策。不同输精评分如下：

① 母猪的静立发情　1分（差），2分（有一些移动），3分（几乎没有移动）。

② 输精管锁住程度　1分（没有锁住），2分（锁住但不牢固），3分（持续牢固地紧锁）。

③ 精液倒流程度　1分（严重倒流），2分（有一些倒流），3分（几乎没有倒流）。

具体评分方法：比如一头母猪静立反射明显，几乎没有移动，输精管持续牢固地紧锁，精液几乎没有倒流，则此次配种的输精评分为333，不需求和（表4-3）。

表4-3　发情母猪输精稳定情况评定表

日期	母猪耳号	首配精液	评分	二配精液	评分	三配精液	评分	输精员	备注

通过统计输精母猪的评分可知适时配种所占比例，各位输精员的技术水平，以及返情与输精评分的关系等。

为了使输精评分可以比较，所有输精员应按照相同的标准进行评分，且一个配种员负责一头母猪的全部2次或3次配种，实事求是地填报评分。

2. 宫内输精　宫内输精（深部输精）采用的输精管是在常规输精管内安装一套管，输精时用力挤压将套管挤出，或者将内管推出，使内管比原输精管多进入10～15 cm，精液通过内管直接输入到子宫深部（图4-20）。宫内输精优点是输精速度快、精液用量少，缺点是输精管成本高。比较宫颈输精（常规输精）与宫内输精效果，当输入子宫的总精子数为10亿个时，

图4-20　宫内输精用输精管

（引自PIC，1996）

宫内输精明显优于宫颈输精；当输入子宫的总精子数大于20亿个时，两者效果类似（图4－21）。

每头份深部输精的精液，目前推荐在常规输精的基础上，采用双减半的原则，即精液量为40～50 mL，含总精子数为20亿个，技术水平较好的猪场，精子总数可以低至10亿～15亿个。

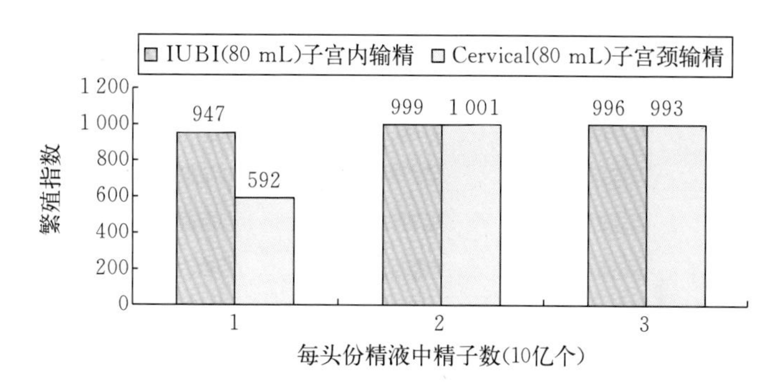

图4－21　用子宫颈部或子宫内部输精管输精对母猪繁殖性能的影响
（引自张守全，2002）

深部输精成功的关键是使母猪保持安静和放松状态，尽量避免母猪受到刺激。例如，查情刺激、环境刺激、管理刺激等都会使母猪因紧张而造成生殖道收缩，子宫颈皱褶阻碍内管头部的顺利伸入，也容易对母猪子宫颈内膜造成机械性损伤，增加猪场母猪阴道炎和子宫颈炎的发生率，给养猪生产造成损失。因此，深部输精时不能让公猪在场，尽量保持周围环境的安静，也不能查情之后立即输精，因为此时母猪正处于性兴奋状态，会因母猪生殖道收缩而影响深部输精效果。在插管时，先将外管（海绵头）插入至母猪子宫颈后，停顿2 min，等母猪因插外管引起的性兴奋（宫缩波）平静后，再插入内管。在插入内管时动作要轻，而且要分2～3次把内管伸入子宫10～15 cm。但据笔者研究，伸入子宫12 cm效果最好，既可避免内管深入过长导致内管头部偏向子宫角一侧，造成单侧受精，降低妊娠率和产仔数，又可有效防止因内管插入的不够深，内管头部还留在子宫颈内没有到达子宫体，造成精液回流，影响输精效果。内管插入到位后，固定好内管防止输精过程中内管前后滑动，影响输精效果。固定内管的方式因产品而异，有的产品是用塞子固定，有的是卡扣固定，还有的是卡槽固定等。内管固定好后，把精液通过内管用力快速挤入子宫体，然后将内管快速从输精管中拔出。而输精管跟常规输精操作一样，后端折起并插入集精瓶或集精袋中，输精管保留在母猪体内一小段时间再拔出。有的猪场深部输精操作更加细致，在输精管保留在母猪体内的这段时间内，还会给母猪额外刺激，其目的是增加母猪的性兴奋，增强母猪生殖道收缩的频率和力度，促进精液更好更快地流向受精位置。

五、影响猪人工授精效果的主要因素

（一）公猪因素

公猪精液品质的优劣是影响母猪情期受胎率和产仔数的直接原因。

1. **精液品质** 精液品质的主要指标包括精子活力、精子密度和精子畸形率等。精子活力的高低直接关系母猪受胎率和产仔数的高低。根据已有的大量研究表明，当精液中死精率超过20%或活力低于0.7时，母猪的受胎率和产仔数就会受到影响。宫颈输精时，一瓶合格精液的标准是精子活力不低于0.7，精子畸形率不超过18%，剂量为80～100 mL，总精子数在40亿个；宫内输精时，总精子数和精液量双减半。因此，每次采出的精液必须经过检查，合格的精液方能进行下一步的稀释、保存和使用，并且每一个阶段都应检查精液品质的变化。

2. **精液保存** 由于不当的稀释操作、稀释剂的种类不同、恒温冰箱的温度变化等因素，有时精液品质会明显下降。无论哪头公猪的精液，无论保存多长时间，使用前均要检查其品质，合格的精液才能用于输精。

一些猪场技术人员认为常温保存的精液没有刚配制出的精液输精效果好。所以，导致公猪站早上5点前上班生产精液，保证用

“新鲜”精液配种。实际上，达到标准的常温精液，因为其精子适应了稀释环境，受精能力可能比“新鲜”精液效果更好。

3. **输精时精液的保管** 在炎热的夏季或寒冷的冬季，精液瓶或精液袋在外界暴露时间太长，由于热应激或冷应激的影响，精液品质均会发生变化，精子活力降低，导致母猪的情期受胎率和产仔数下降。夏季或冬季输精前，若数量较大，精液最好用泡沫箱盛放，夏季降温，冬季注意保温（但温度不能低于15℃）。

（二）母猪因素

1. **母猪体况** 由于哺乳或其他原因导致母猪过肥或过瘦，发情表现不明显，即使发情后进行了输精，也容易返情；或由于母猪日粮中部分营养物质缺乏，容易造成胚胎早期死亡，导致母猪返情或产仔数少。因此，配种前要注意母猪日粮和体况的调节。对于体况中等或偏下的母猪，采用配种前优饲、配种后劣饲的方式，促进母猪发情、排卵和胚胎着床。但对于断奶后母猪体况仍较肥且哺乳期间母猪体况变化不大的母猪，则应采取配种前减料、配种后劣饲的方式，则能更好地促进母猪发情、排卵和胚胎着床。断奶母猪继续饲喂哺乳料，饲喂量因断奶后体况而定；配种后3周内母猪采食量一般不超过1.8 kg/d，要求在母猪妊娠后50～60 d达到中等体况。

2. **母猪疾病** 不论是本交还是人工授精，都有一部分母猪患有繁殖疾病，不同程度影响了母猪的受胎率和产仔数。如果母猪患有猪瘟、乙型脑炎、巴氏杆菌病等，输精后很容易返情，即使受胎，也容易造成胚胎早期死亡而导致母猪产仔数少；或母猪患有可见性或隐性子宫炎，无论怎样输精都不会受胎，即在母猪自身有某些疾病发生时，人工授精的效果就可能差。因此，应该奉行这样一种观念：有病的母猪应先治疗，痊愈后方可进行输精，这样才能得到较好的受胎和产仔效果，获得较大的经济价值。

3. **母猪生殖道疾病** 由于先天性或疾病的原因导致母猪输卵管堵塞，输精后不会受胎。常见的子宫炎症，因母猪子宫角长，一且发生子宫炎，治愈可能性很小。因此，子宫炎症主要在于预防，如果母猪发生子宫炎，建议作淘汰处理。

（三）人工授精技术因素

1. 输精前的准备 输精前，如果不对母猪外阴进行清洗、消毒，很容易通过输精管将细菌或病毒带入母猪阴道或子宫，引起母猪子宫炎等疾病，从而影响人工授精效果。同时，也要对输精栏的地板进行多次清洁和消毒，尤其是发情母猪后躯下方的地板。

2. 试情公猪的作用 宫颈输精时，要求公猪在场，试情公猪要求由行动缓慢、唾液多、善交流的老公猪担任，且保证公、母猪之间口鼻部的接触，可刺激发情母猪分泌高水平的催产素，催产素可促进子宫收缩，产生负压将精液吸纳至子宫，减少精液倒流的机会。输精时应首先将待配母猪外阴部清洗干净，准备好输精器具和精液，之后才将公猪赶到发情母猪前，而不是先赶公猪，后清洗母猪。试情公猪应固定在输精母猪前，不能让公猪在走道来回走动；母猪输精前 1 h 内不能接触任何公猪，以保证输精效果。

3. 输精方法 宫颈输精时应避免将输精管插入尿道，要斜向上 45°朝一个方向旋转插入，不能硬插，以免损伤母猪阴道。确认输精管头部是否涂有润滑剂或是否做过预润滑处理，以利于插入和保护母猪生殖道。根据母猪体长，一般插入 30 cm 左右就到了子宫颈口 2～3 个皱褶处，稍微反方向拧一点输精管就可以锁在子宫颈口，往回拉有一定阻力，有锁定的感觉，就可以进行输精。输精后在防止空气进入的情况下将输精管滞留在母猪的生殖道内，继续刺激母猪。

宫内输精时，内管的插入是否顺利，有没有出现插管困难、强插管、精液回流等现象，将直接影响宫内输精的效果。

4. 输精时间 宫颈输精时，输精时间与母猪情期受胎率和产仔数有很大关系。输精时间在 3 min 以内的母猪与输精时间在 5 min以上的母猪相比较，前者的受胎率和产仔数远低于后者，且差异显著。因此，母猪配种时输精时间应控制在 5 min 以上，母猪经 2～3 个宫缩将精液吸纳为宜。把精液送入母猪体内并不是输精过程的结束，事实上这只是个开始。精子需要在子宫的收缩作用下输送到输卵管，这是在催产素的作用下实现的。需要继续刺激，继续接触公猪，母猪才会分泌催产素，刺激生殖道收缩。假设人工授精需要花 5～6 min 的时间，那么继续刺激大概需要同样长的时间。

5. **配种方案**　母猪首次输精对当胎仔猪的贡献率超过 60%，确定首次输精的时间非常重要。卵子排出后在输卵管内维持受精能力的时间为 8～10 h，精子维持受精能力时间为 24～48 h，精子在受精之前需要 6～8 h 才能获能。发情鉴定的准确性非常重要，配种过早或过晚都会降低母猪繁殖成绩，应依据繁殖生产记录如断奶时间、配种时间等，并结合发情进程、发情表现进行综合判断。统计分析，输精次数越多，繁殖成绩越差。输精次数多，说明发情鉴定不准确，更说明首次输精过早，输精间隔过短。因此，最佳的输精方案是保证母猪繁殖性能的基础。

6. **输精后母猪姿势**　输完精液的母猪如果马上卧下，精液容易倒流，影响人工授精效果。因此，输完精后，要继续刺激母猪，并不让母猪卧倒。

7. **配种员差异**　经验丰富且技术水平高的配种员，在观察母猪发情、输精等工作方面均能取得较好成绩，母猪受胎率和产仔数均较高。因此，一个猪场母猪繁殖性能的高低，除与品种、公猪精液品质、管理水平等有很大关系外，还与配种员技术水平有一定的关系。要注意从众多的配种员中选择责任心强、有耐心的人员进行重点培养。

除了以上因素外，天气、温度、光照等外部环境在一定程度上也会影响人工授精的效果。

综上所述，猪人工授精效果，既受到母猪自身因素和公猪精液的影响，也受输精操作、发情鉴定及环境等其他因素的影响。只要各个因素协调得当，配种员技术扎实、责任心强，人工授精就能取得良好的效果，母猪情期受胎率和产仔数就能达到理想水平，从而提高猪场的经济效益和社会效益。

1. 公猪采精前的准备有哪些？

2. 公猪采精方法有哪些？采精时的注意事项是什么？

3. 精液品质检测的指标有哪些？如何评定合格的精液？

4. 母猪最佳输精时间如何确定？输精频率对其繁殖性能有哪些影响？

5. 常规输精技术要点是什么？影响输精效果的因素有哪些？

6. 深部输精技术的原理是什么？其操作方法与常规输精有何不同？

7. 影响猪人工授精效果的主要因素有哪些？

第五章 CHAPTER 5
公猪繁殖管理

[简介] 公猪繁殖管理的目标是体质健康、有良好的种用体况、精力充沛、性欲旺盛、能够产生数量多、品质好的精液。本章重点介绍公猪的饲养管理和公猪调教。

民间有"母猪好，好一窝；公猪好，好一坡"的说法，充分说明了公猪在养猪生产中所起的作用。生长速度快、胴体瘦肉率高的公猪，其后代生长速度快、生长周期短，从猪舍折旧、饲养管理人员劳动效率、猪生产期间维持需要的饲料消耗等诸多方面均可降低养猪生产的综合成本。

一、公猪饲养管理

（一）环境

环境对种公猪的生产力和使用寿命有很大的影响。

1. **适时分群**　后备种公猪体重达50 kg左右时逐渐显示出雄性特征，这时应进行公、母猪分群饲养，防止乱交滥配。

2. **单栏饲养**　成年种公猪应单栏饲养，每头种公猪的圈舍面积约为2.5 m×2.5 m。单栏饲养可以防止公猪间相互爬跨和争斗咬架；同时也便于根据实际情况随时调整饲粮。

3. **采精区**（配种区）**要求**　采精区（配种区）地面应为结实的一个整体，墙壁结实，不能有任何饮水槽或喂料槽，可防止采精或种公猪和母猪交配时造成身体损伤或分散种公猪的注意力。过于光滑的地面、角落、锋利的边缘、乳头状隆起的饮水槽都会影响种公猪的配种，因此必须避免出现上述情况。

4. 公猪舍内温度要求 公猪适宜的舍内温度是18～25 ℃。在封闭式猪舍饲养公猪，经常遇到的问题是过热而不是过冷。高温对种公猪的影响比低温严重。公猪在35 ℃以上的高温环境下精液品质下降，并导致公猪应激期过后4～6周保持较低的繁殖力，甚至终生不育。使用遭受热应激的公猪配种，母猪受胎率低、产仔数较少。如果炎热天气持续4～6周，母猪的受孕率将明显降低。如果是在七八月份的高温天气进行配种，将导致母猪从11月末至翌年2月初的产仔率降低。

为了减少热应激对公猪带来的不良后果，应采取一些减少热应激的措施，具体办法有：采用空调降温，避免在烈日下驱赶公猪运动，猪舍和运动场有足够的遮光面积供公猪趴卧，天气炎热时使用水帘降温或在天气极热的时候喷雾并增加通风设施，来保持种公猪圈处在一个凉爽的环境中，并且注意在饲料中添加矿物质和维生素。

（二）营养

公猪具有射精量大、射精时间长、精子密度大的特点。一般公猪每次射精量为100～300 mL，量大者可达500 mL，精子数量为400亿～800亿个，射精时间一般为5～10 min，有的可达15～20 min。公猪精液中干物质占2%～3%，其中蛋白质为60%左右，精液中同时还含有矿物质和维生素。因此，应根据公猪的生产需要采用优质饲料满足其所需要的各种营养物质。

公猪所需主要营养包括能量、氨基酸、矿物质、维生素等。各种营养物质的需要量应根据其品种、类型、体重、生产情况而定。配种公猪对营养水平的要求比妊娠母猪高，蛋白质、各种必需氨基酸、各种矿物质和维生素的不足，会延缓种公猪性成熟，降低种公猪的精液量、精液浓度和精子数，降低种公猪性欲和精液质量，以至降低种公猪的繁殖力。

1. 能量 一般瘦肉型成年公猪（体重120～150 kg）在非配种

期每天的消化能需要量为 25.1～31.3 MJ，配种期每天消化能需要量为 32.4～38.9 MJ。青年公猪还需要一定营养物质供自身继续生长发育，能量需要应参照其标准上限值。在寒冷季节，圈舍温度低于 15～20 ℃时，能量需要应在原标准基础上增加 10%～20%。在夏季天气炎热，公猪食欲降低，很难获取足够的营养，可以通过增加各种营养物质浓度的方法使公猪尽量摄取所需营养，满足公猪生产需要。能量供给过高或者过低对公猪均不利。能量供给过低会使公猪身体消瘦，体质下降，性欲降低，导致配种能力降低，甚至有时根本不能参加配种；能量供给过高，造成公猪过于肥胖，自淫频率增加或者不爱运动，性欲不强，精子活力降低，同样影响公猪配种能力，严重者也不能参加配种。对于后备公猪而言，日粮中能量不足，将会影响睾丸和其他性器官的发育，导致后备公猪体型小、瘦弱、性成熟延缓，从而增加种猪饲养成本，缩短公猪使用年限，并且导致公猪射精量减少、本交配种体力不支、性欲下降、不爱运动等不良后果；但能量过高同样影响后备公猪性欲和精液产量，会使公猪过于肥胖、体质下降、懒惰，影响其配种能力。

2. **蛋白质**　公猪日粮中蛋白质数量和质量、氨基酸水平直接影响公猪的性成熟、身体素质和精液品质。对成年公猪来说，蛋白质水平一般以 14%左右为宜。过低会影响其精液中精子的密度和品质；过高不仅增加饲料成本，浪费蛋白质资源，而且多余蛋白质会转化成脂肪沉积体内，使得公猪体况偏胖而影响配种，同时也增加了肝、肾负担。在考虑蛋白质数量的同时，还应注重蛋白质质量。建议种公猪日粮中赖氨酸水平为 0.6%。种公猪的饲粮要以精饲料为主，中等体重的成年种公猪日喂料量 2 kg 左右，以保持种公猪的体况不肥不瘦、精力旺盛为原则。在严寒的冬季，饲喂量要增加 10%～20%；配种旺季饲粮中应搭配鱼粉、鸡蛋等动物性饲料，以提高种公猪性欲和精液质量。

3. **矿物质**　后备种公猪要饲喂配合饲料，并适当添加鱼粉等动物性饲料，应特别注意青饲料和矿物质的补充，如后备公猪饲料中的钙、磷和有效磷的需要量比生长肥育猪高 0.05%～0.1%。

矿物质对公猪精子产生和体质健康影响较大。长期缺钙会造成精子发育不全，活力降低；长期缺磷会使公猪生殖机能衰退；缺锌造成睾丸发育不良而影响精子生成；缺锰可使公猪精子畸形率上升；缺硒会使精液品质下降，睾丸萎缩退化。建议日粮中钙为0.75%，总磷为0.6%，有效磷为0.35%。

4. **维生素** 维生素对于种公猪也十分重要，在封闭饲养条件下更应注意添加维生素，否则容易导致公猪发生维生素缺乏症。日粮中长期缺乏维生素A会导致青年公猪性成熟延迟、睾丸变小、睾丸上皮细胞变性和退化，降低精子密度和质量。但维生素A过量时可出现被毛粗糙、鳞状皮肤、过度兴奋、触摸敏感、蹄周围裂纹处出血、血尿、血粪、腿失控不能站立及周期性震颤等中毒症状。日粮中维生素D缺乏会降低公猪对钙、磷的吸收，间接影响公猪睾丸产生精子和配种能力。公猪日粮中长期缺乏维生素E会导致成年公猪睾丸退化，永久性丧失生育能力。其他维生素缺乏也在一定程度上直接或间接地影响着公猪的健康和种用价值，如B族维生素缺乏公猪会出现食欲下降，导致公猪皮肤粗糙、被毛无光泽等不良后果，因此应根据饲养标准酌情添加维生素。

5. **水** 除上述各种营养物质外，水也是公猪不可缺少的营养物质，如公猪缺水将会导致其食欲下降、体内离子平衡紊乱、其他各种营养物质不能很好地消化吸收，甚至发生疾病。因此，必须按公猪日粮的3～4倍量提供清洁、卫生、爽口的饮水。饮水要求的两个指标是温度和味道，水的温度要求冬季不过凉，夏季要凉爽；水应无异味，饮水卫生标准与人相同。每头种公猪每天饮水量为10～20 L，通过饮水槽或自动饮水器供给，最好是选用自动饮水器饮水，饮水器合理的安装高度为55～65 cm（与公猪肩高等同），水流量至少为1 000 mL/min。

（三）管理

1. **管理的目标** 种公猪应体质健壮，每次采精量200～300 ml，精子畸形率不高于18%，并能保证与交配母猪一次情期受胎率达 85%以上，且平均窝产仔数应达到该品种公猪的平均水平。

2. **饲喂** 种公猪应单栏饲养，按标准结合体况合理投料。饲喂方法一般采取每天早晚各喂 1 次，每头公猪每天的饲喂量为 2.0～3.0 kg。种公猪日粮要求有足够的营养水平，特别是蛋白质、维生素、钙、磷等；饲料原料多样化，不能有发霉变质或有毒害的原料。饲喂时一般只能喂到八九成饱，以控制膘情，维持其种用体况。生产中为了“奖励”种公猪，有些猪场在采精后给种公猪喂生鸡蛋，以维持公猪性欲和性功能。这种做法有争议，因为生鸡蛋中含有抗生物素物质，会影响种公猪对饲料中生物素的吸收利用，同时也可能会感染沙门氏菌。如果确实有需要可以将鸡蛋煮熟后进行饲喂。

3. **种公猪的日常管理** 要做到：饲喂、运动、采精等工作的时间固定、程序固定、场所固定；实行定量饲喂，以免营养不足或过剩；固定专业管理。

4. **确定合理的利用强度** 2 岁以上的成年公猪每天可配种或采精 1～2 次，连续安排在早晨饲喂后 1～2 h 进行；如每天进行配种或采精 2 次，则应早晚各 1 次，并尽量让中间休息时间长一些，连续采精 3 d 休息 1 d。青年种公猪的配种或采精的次数应加以控制，每周最多不超过 5 次，最好隔天 1 次。初配的公猪每周配种或采精 1～2 次为宜，次数过多不仅会引起种公猪的过度疲劳，还会降低性欲、射精量、精子密度和活力。

5. **适当运动** 合理的运动可提高种公猪的新陈代谢，促进其食欲，帮助消化，增强体质，同时能锻炼公猪肢体，改善精液品质。夏季宜安排公猪在早晚运动，以避开强烈的太阳辐射；冬季则应在中午，充分利用日光照射，每次 1～2 h。运动形式有驱赶运动、自由运动和放牧运动三种。驱赶运动适用于工厂化养猪场，可以在场区内建设公猪运动场，运动场多为环形，宽度在 60 cm 左右，使公猪进入后只可向前走而不能回头，每次运动时间 1～2 h，每次运动里程 2 km，遇有雨雪等恶劣天气应停止运动。还要注意防止冬季感冒和夏季中暑。如果不进行驱赶运动，可安排公猪自由运动。可将猪舍间的空场隔成几个小型运动场，每个小型运动场面积7 m×7 m左右即可，天气好时将公猪分批赶入运动场自由运动。

应注意的是，种公猪好斗，应尽量避免将两头以上的公猪放在一起。公猪因运动不足易造成蹄匣变形，非混凝土地面饲养的公猪蹄匣无磨损而变尖变形后，会影响其正常使用和活动，可以用刀或电烙铁进行修理。

6. **定期检查精液品质** 有条件的猪场可以按公猪日龄定期采精，采精后检测精液品质，并形成检测记录（表5-1），发现异常时及时采取措施。

表5-1 公猪采精记录表

编号	公猪栋舍	公猪栏位	公猪耳号	品种品系	出生日期	采精日期	采精人员	采精量	精液颜色	精液气味	精子密度	精子活率	畸形精子百分比	稀释倍数	检测人员	保存24 h后精子活率	保存48 h后精子活率	保存72 h后精子活率

7. **定期称重** 检查种公猪是否过肥或过瘦，是否符合种用体况要求。要求种用公猪不过肥、不过瘦、七八成膘。对于七八成膘的判定方法是外观既看不到骨骼轮廓（髋骨、脊柱、肩胛等），又

不能过于肥胖，用手稍用力触摸其背部，可以触摸到脊柱为宜。也可以在早晨饲喂前空腹时，根据公猪腰角下方、膝褶斜前方凹凸状况来判定，一般七八成膘的公猪应该是扁平或略凸起，如果凸起太高说明公猪过于肥胖；如果此部位凹陷，说明公猪过于消瘦。

8. **定期进行疫苗注射和驱虫**　每半年接种猪瘟疫苗、伪狂犬病疫苗、口蹄疫疫苗等1次，驱虫1次，按免疫程序操作。建议免疫程序见表5-2。

表5-2　种公猪免疫程序

序号	疫苗名称	免疫时间	剂量
1	猪瘟细胞苗	春、秋季	2 mL
2	口蹄疫疫苗	春、秋季	2 mL
3	伪狂犬病疫苗	春、秋季	2 mL
4	蓝耳病疫苗	春、秋季	2 mL
5	乙型脑炎疫苗	春、秋季	2 mL
6	细小病毒病疫苗	春、秋季	2 mL

注意事项：

（1）免疫程序可根据本地区、本场疫病流行情况进行微调，必须由专业兽医人员进行审核确定，不可擅自更改，做到有据可查，有据可依。

（2）不同厂家生产的疫苗可能会有免疫剂量的差异，要严格依照产品说明书进行免疫，操作人员应严格遵守，不得擅自增加或减少剂量。

（3）稀释好的疫苗一般应在30 min内用完，夏季气温较高，高温会使疫苗免疫效果降低甚至免疫失败。因此，应根据猪群大小和注射人员的操作速度进行疫苗稀释，避免疫苗浪费和免疫失败。

（4）常规接种的疫苗通常是要求颈部肌肉深部注射。应根据猪只体重大小选择合适长度的注射针头，且垂直猪体表进行注射才可进入深部肌肉层。一般来说，种猪选择16x38针头。如果选择的针头不合适或落针角度不对，可能造成局部组织发炎、肿胀、坏死，导致免疫失败。

（5）针头使用前应进行高压灭菌，并在消毒前进行检查，检查针头是否有倒刺，如果有倒刺要磨平或丢弃不用，以免增加猪应激和感染机会。

（6）疫苗免疫时严格执行一猪一针头的原则，如果针头不慎污染，应更换针头。使用后的非一次性针头应及时清洗、高压灭菌。

（7）免疫前可在猪群饲料或饮水中加入一些多维、多糖、电解质类保健品，以降低免疫应激和提高保健效果。

（8）疫苗免疫时要密切观察猪只状态和关注猪群反应，一旦有异常应立即停止注射并采取针对性措施，避免造成更大范围的不良后果。

（9）疫苗为生物制剂，在运输、保存、使用中的温度控制至关重要，关系到疫苗的效价。应严格按照产品说明进行温度控制。

（10）猪群免疫前进行健康检查，猪只生病期间应避免注射疫苗。如果猪群正在发病或处于免疫潜伏期，则不宜接种疫苗，除非猪群发生某种烈性传染病必须进行强制免疫。避免在免疫期间转群，否则易造成多重应激叠加，影响公猪健康。

（11）疫苗免疫后，使用的疫苗瓶和盛装过疫苗的器皿应集中销毁，不得随意丢弃，避免疫病传播。

9. 日常管理注意事项

（1）坚持每天用梳子或硬刷对种公猪的皮肤进行刷拭，保持其身体清洁，可预防疥癣及各种皮肤病，促进血液循环。

（2）夏季要注意防暑降温，运动场要有遮阴凉棚或采用沐浴降温等措施；冬季要注意防寒保暖。

（3）圈舍应保持清洁干燥和阳光充足。

10. 淘汰老龄公猪 种公猪一般使用3年，淘汰更新率30%～40%，更新公猪来自后备公猪经性能测定为优异或来自专业育种场的优异者。

凡有下列情况者应予淘汰：因病、伤不能使用者；连续两次以上检查精液品质低劣者；性情暴烈易伤人、伤猪者；繁殖力低下者。

11. **建立种公猪档案**　对种公猪的来源、品种品系、父母耳号和选择指数、个体生长情况、精液检查结果、繁殖性能测验结果（包括授精成绩、后裔测检成绩）等应有相应记录。如配备有计算机管理，则应及时将相关资料输入计算机存档（图5－1）。

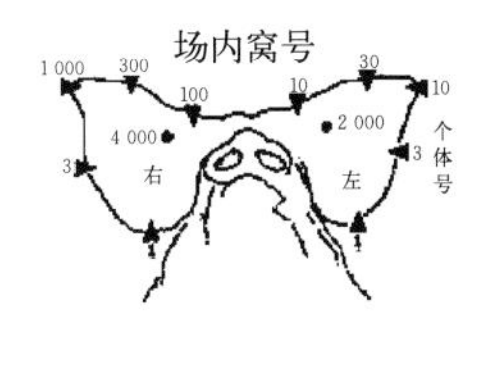

猪只档案证明

猪只ID：	YYtest116202610		
品种：	大白	品　系：	英系大白
耳缺号：	202610	性　别：	公
出生日期：	2016—10—10		
胎次：	5	出生重：	2.07
同窝活仔数：	10	左　乳：	7　右　乳：7
出生场：	1号测试场		

YYBJXD116202610
- 父 YYBJXD114068206
  - 父 YYBJXD112444202
    - 父 YYBJXD111262004
    - 母 YYBJXD109141307
  - 母 YYBJXD111316705
    - 父 YYBJXD110190703
    - 母 YYBJXD109078403
- 母 YYBJXD114599103
  - 父 YYBJXD110196014
    - 父 YYBJXD107002004
    - 母 YYBJXD108045307
  - 母 YYBJXD112400413
    - 父 YYBJXD110187908
    - 母 YYBJXD108048505

	父系指数	母系指数	繁殖指数	100 kg体重日龄	背膘厚(nm)	眼肌面积(cm^2)	日增重(g)	料肉比	瘦肉率(%)	总产仔数(头)	外貌指数
本身测定值											
父亲											

图5－1　种猪档案

12. **日常工作程序**

（1）种公猪的饲喂以及观察种公猪的健康状况、精神状况、采食、粪便、活动等。

（2）对病猪进行必要的治疗。

（3）清扫喂料通道和公猪的配种栏。

（4）供水。

（5）圈栏维修及空栏的清洗消毒。

（6）公猪运动和对其进行刷拭。

（7）转运猪只。

（8）对观察结果做好记录，填写每日报表。

种猪转群记录见表 5－3。

表 5－3　种猪转群记录

<table>
<tr><td colspan="2">日期</td><td colspan="2">栋别</td><td colspan="2">饲养员</td><td colspan="2" rowspan="2">环境状况</td><td>时间</td><td>06：00</td><td colspan="2">15：00</td><td colspan="2">18：30</td></tr>
<tr><td colspan="2"></td><td colspan="2"></td><td colspan="2"></td><td>温度</td><td></td><td colspan="2"></td><td colspan="2"></td></tr>
<tr><td colspan="11">公猪存栏</td><td>耗料（kg）</td><td colspan="2">死淘记录</td></tr>
<tr><td>品种</td><td>期初</td><td>转入</td><td>累计</td><td>转出</td><td>累计</td><td>死亡</td><td>累计</td><td>淘汰</td><td>累计</td><td>期末</td><td>早</td><td>死淘耳号</td><td>死淘原因</td></tr>
<tr><td>长白</td><td></td><td></td><td></td><td></td><td></td><td></td><td></td><td></td><td></td><td></td><td></td><td></td><td></td></tr>
<tr><td>大白</td><td></td><td></td><td></td><td></td><td></td><td></td><td></td><td></td><td></td><td></td><td>晚</td><td></td><td></td></tr>
<tr><td>杜洛克</td><td></td><td></td><td></td><td></td><td></td><td></td><td></td><td></td><td></td><td></td><td></td><td></td><td></td></tr>
<tr><td>累计</td><td></td><td></td><td></td><td></td><td></td><td></td><td></td><td></td><td></td><td></td><td>合计</td><td></td><td></td></tr>
<tr><td rowspan="8">采精记录</td><td>公猪耳号</td><td></td><td></td><td></td><td></td><td></td><td></td><td></td><td></td><td></td><td></td><td colspan="2">其他记录</td></tr>
<tr><td>采精量</td><td></td><td></td><td></td><td></td><td></td><td></td><td></td><td></td><td></td><td></td><td colspan="2" rowspan="7">（包括发病猪头数、症状、用药及其他重要工作记录）</td></tr>
<tr><td>颜色气味</td><td></td><td></td><td></td><td></td><td></td><td></td><td></td><td></td><td></td><td></td></tr>
<tr><td>畸形率</td><td></td><td></td><td></td><td></td><td></td><td></td><td></td><td></td><td></td><td></td></tr>
<tr><td>精子活率</td><td></td><td></td><td></td><td></td><td></td><td></td><td></td><td></td><td></td><td></td></tr>
<tr><td>精液密度</td><td></td><td></td><td></td><td></td><td></td><td></td><td></td><td></td><td></td><td></td></tr>
<tr><td>稀释份数</td><td></td><td></td><td></td><td></td><td></td><td></td><td></td><td></td><td></td><td></td></tr>
<tr><td>精液去向</td><td></td><td></td><td></td><td></td><td></td><td></td><td></td><td></td><td></td><td></td></tr>
</table>

（四）公猪的合理利用

正确地利用公猪将有助延长其种用寿命，利用不当不仅缩短种公猪种用年限，还会提高种猪的培育成本。

初配年龄和体重适宜的配种期，有利于提高公猪的种用价值。过早使用会影响种公猪本身的生长发育、缩短利用年限；过晚配种会引起公猪性欲减退，影响其正常配种，甚至失去配种能力。适宜的初配期一般以公猪品种、体重和年龄来确定。我国地方猪种性成熟早于国外引进品种和培育品种，一般初配年龄为 6～8 月龄，体重 60 kg 以上，具体视猪的品种而定；引进品种和培育品种以 8～10 月龄，最好在 9 月龄以后，体重至少在 90 kg 以上，最好到 120 kg 以上再开始投入生产。

二、公猪调教

（一）公猪调教时间

公猪在性成熟后，就会出现性行为，主要表现在求偶与交配方面。求偶行为的表现是：特有的动作，如拱、推、磨牙、口吐白沫、嗅等；特有的声音，如在做动作的同时发出不连贯的、有节奏的、低柔的哼哼声；特有的气味，如由包皮排出的外激素物质具有刺鼻的气味，可刺激母猪嗅觉。

瘦肉型后备公猪一般 4～5 月龄开始性发育，而 7～8 月龄左右进入性成熟。国内一般的养猪企业，后备公猪 6 月龄左右体重达 90～100 kg 时结束测定，此时是决定公猪去留的时间，但还不能进行采精调教。准备留作采精用的公猪，从 7～8 月龄开始调教，相比从 6 月龄就开始调教，一是缩短了调教时间，二是易于采精，三是延长了公猪使用时间。但英国的一项研究表明，10 月龄以下的公猪调教成功率为 92%，而 10～18 月龄的成年公猪调教成功率仅为 70%，故调教时间也不能太晚。

（二）公猪调教的一般方法

进行后备公猪调教的工作人员，要有足够的耐心，遇到自己心情不好、时间不充足或天气不好的情况下不要进行调教，因这时人容易将自己的坏心情加于公猪身上，使调教工作难以进行。

对于不喜欢爬跨或第一次不爬跨的公猪，要多进行几次调教，不能打公猪或用粗鲁的动作干扰公猪。若调教人员态度温和，方法得当，调教时自己发出一种类似母猪叫声的声音或经常抚摸公猪，久而久之，调教人员的一举一动或声音都会成为公猪行动的指令，并顺从地爬跨母猪台、射精和跳下母猪台。

调教时，应先调教性欲旺盛的公猪。公猪性欲的好坏，一般可通过咀嚼唾液的多少来衡量，唾液越多，性欲越旺盛。对于那些对假母猪台或母猪不感兴趣的公猪，可以让它们在旁边观望或在其他公猪配种时观望，以刺激其性欲。

对于后备公猪，每次调教的时间一般不超过 15～20 min，每天可训练 1 次，刚开始每天都要调教，以加强猪的记忆和强化公猪爬跨，1 周最好不要少于 3 次，直至爬跨成功。每次调教时间不宜超过 30 min，若调教时间太长，容易引起公猪厌烦，达不到调教效果。调教成功后，1 周内每隔 1 d 就要采精 1 次，以加强公猪记忆；以后每周可采精 1 次，至 12 月龄后每周采精 2 次，一般不要超过 3 次。

1. 后备公猪调教方法

（1）爬跨母猪台法 调教用的母猪台高度要适中，以 45～50 cm为宜，可因猪不同而调节，最好使用活动式母猪台。调教前，先将其他公猪的精液或其胶体，或发情母猪的尿液涂在母猪台上面，然后将后备公猪赶到调教栏，公猪闻到气味后，大部分愿意啃、拱母猪台，此时若调教人员再发出类似发情母猪叫声的声音，更能刺激公猪性欲，公猪慢慢就会爬跨母猪台。如果公猪有爬跨的欲望，但没有爬跨，最好第 2 天再调教。一般 1～2 周可调教成功。

（2）爬跨发情母猪法　调教前，将一头发情旺期的母猪用麻袋或其他不透明物盖起来，不露肢蹄，只露母猪阴户，赶至母猪台旁边，然后让公猪嗅、拱母猪，刺激公猪性欲的提高。当公猪性欲高涨时，迅速赶走母猪，将涂有其他公猪精液或母猪尿液的母猪台移过来，让公猪爬跨。一旦爬跨成功，第2～3天就可以用母猪台强化公猪记忆。这种方法比较麻烦，但效果较好。

无论哪种调教方法，公猪爬跨后一定要进行采精，否则公猪很容易对爬跨母猪台失去兴趣。调教时，不能把2头以上公猪放在一起，以免公猪咬架，影响调教的进行和造成不必要的经济损失。

2. 调教公猪注意事项　保持采精栏的简洁，减少采精栏中不必要的物品，使公猪的注意力集中在假台畜上，并提供其必要的视觉刺激。猪的嗅觉非常灵敏，假台畜上留有猪的气味会对公猪形成强烈的嗅觉刺激，尤其是公猪的尿液，其比母猪的尿液对公猪的刺激作用更为明显。引导公猪进入采精区，如果采精区设计合理且没有干扰物，则公猪将很快稳定下来，并开始探究假台畜。若公猪对假台畜不感兴趣，则用肘部轻柔而坚定地推其头部靠近假台畜，摩擦、轻拍假台畜或试着坐上假台畜，且整个过程中要不断与公猪交流，这通常发生在训练的最初5～7 min。如果公猪最初反方向爬跨假台畜，这时不要试图纠正，避免使其遭受挫折。爬跨2～3次后，如果公猪还不能准确地爬跨，调教员就应用肘部轻推其靠近准确位置。一旦公猪爬跨成功，便要开始抽动。抽动过程中，阴茎将突出包皮，调教员要进行采精操作，直至公猪射出精液。一旦使公猪成功完成射精，须在接下来的几天内连续对其采精，以强化该公猪的爬跨反应。

（三）难调教公猪的处理

难调教的公猪应实行多次短暂训练，每周4次，每次15～20 min。如果采精员或公猪表现厌烦、受挫或失去兴趣，立即停止并结束训练。注意，短时间重复地引导公猪接近假台畜，比长时间并经常阻挠要好。如果几次训练后，公猪仍对假台畜不感兴趣，可采用以下方法处理。

（1）调换圈栏的位置，有时栏中的群体序列位置会抑制公猪性欲。调换一个有更多活动空间的栏，或将公猪换到靠近采精栏的栏中，使其观察其他猪的采精过程。

（2）提前把待训的公猪放置在采精室的定位栏内，使其能看到其他公猪的爬跨采精过程。当另一头公猪采完精时，立即将待训公猪赶进该采精栏。在两次采精期间，不要冲洗采精栏，使假台畜上留有足够的公猪的唾液和凝胶。

（3）在假台畜两侧设置临时隔离板，使得该公猪不能在假台畜两侧走动，这样在此区域中，公猪一旦向前走，便能碰到假台畜。在公猪进入采精区前设置好隔离板比之后设置隔离板要好。

（4）放置处于发情期的母猪于采精区附近，将假台畜布置于发情母猪与公猪之间，以刺激该公猪的性欲。

（5）试着调换采精员来调教待训公猪。

（6）试着调换采精栏或假台畜后再调教待训公猪。

（7）最后，如果公猪经过几个星期后仍对假台畜没有兴趣，那么可以使用一头发情的母猪来帮助训练。当公猪爬跨到母猪身上时，用手采精，第二天再试着让其爬跨假台畜。将母猪赶到假台畜旁边，当公猪爬跨到母猪身上开始射精后，将其前肢抬到假台畜上，使其爬跨在假台畜上完成射精。

（8）在每次调教过程中，若经过多次调教之后公猪仍不愿爬跨假猪台，可以驱赶公猪在配种舍转几圈，一是增加猪的运动，使其处于放松状态；二是利用公猪和发情母猪的接触，增强公猪的性欲和性冲动，然后再把公猪赶回采精室继续调教。此时若在假台畜上涂抹发情母猪的尿液，同时再播放发情母猪的叫声，训练效果会更好。一般经过 3 d 左右的时间，都可训练成功。

采精训练成功后应连续训练 5～6 d，以巩固公猪建立起来的条件反射。训练成功的公猪，一般不要再进行本交配种。训练公猪采精时要有耐心，采精室要求卫生、清洁、安静、光线充足，温度为 15～20 ℃，并防止噪声和异味干扰。

（四）公猪的配种能力和使用年限

1. **种公猪的使用年限**　种公猪的使用年限与公猪使用强度关系较大。如果公猪使用强度过大，将导致公猪体质衰退，降低配种成绩，造成公猪过早淘汰。但使用强度过小，种用价值又得不到充分发挥。采用人工授精，12月龄以内公猪每周可采精1～2次；12月龄以上的公猪每周可采精2～3次。一般来说，避免青年公猪开始配种时与断奶后的发情母猪配种，以免降低公猪配种兴趣。种公猪使用年限一般为3年左右，国外利用年限平均为2～2.5年。

2. **种公猪淘汰更新率**　种公猪淘汰更新率一般为35%～40%，因此猪场应有计划地培育或外购一些生产性能好、体质强健的青年公猪，来取代配种成绩较差（其配种成绩差是指本年度或某一段时间内与配母猪受胎率低于50%），配种年限3年以上，或患有某些治疗意义不大的疫病（如口蹄疫、猪繁殖与呼吸障碍综合征、猪圆环病毒病等）的公猪。

思考题

1. 造成种公猪精液质量下降的主要原因有哪些？
2. 调教种公猪的常用方法有哪些？
3. 种公猪日粮中蛋白质含量以多少为宜？

第六章 CHAPTER 6 母猪妊娠诊断

［简介］妊娠诊断是现代母猪繁殖生产过程中重要的生产技术之一，也是繁殖管理环节中不可或缺的步骤。本章重点介绍了妊娠诊断的原理和常见方法。

一、妊娠诊断的概念与原理

（一）妊娠诊断的概念

妊娠诊断是指在配种一段时间后，借助特定的器械、试剂等检查母猪是否妊娠的过程，又称之为妊娠检查或妊检。如果配种后母猪未妊娠，则会在下一发情周期继续发情、排卵。但在现实生产中，一部分配种后未妊娠的母猪表现为隐性发情或者发情症状不明显。因此，通过早期妊娠诊断能够及早发现未妊娠的母猪，从而能及时处理这些母猪并再次配种，以减少母猪的非生产天数，提高养殖效率。

（二）妊娠诊断的原理

母猪配种后，若精子和卵子能在输卵管相遇、受精，继而发育成早期胚胎在子宫内附植，则能引起母猪繁殖生理和行为等发生一系列的变化。根据妊娠后母猪生理和行为发生的变化，借助特定的仪器，在配种后一定时间内根据检查结果判定母猪是否妊娠。总体而言，母猪妊娠后可发生以下变化。

1. **发情周期停止**　若母猪已妊娠，则卵巢排卵后的黄体发育为妊娠黄体，在妊娠早期分泌孕酮以维持妊娠，妊娠中后期孕酮则由胎盘合成。在妊娠至断奶前的时间内，因为母猪体内孕酮维持在较高水平，孕酮负反馈抑制下丘脑 GnRH 以及垂体 FSH 和 LH 的合成和分泌，从而抑制卵巢的发育、成熟和排卵，母猪发情周期处于静止状态。

2. **代谢水平改变**　母猪妊娠后，其基础代谢率降低，对饲料中营养物质的利用率提高。妊娠后母猪膘情迅速增加，至妊娠中期以后，由于胎儿迅速生长发育，母猪常分解部分在妊娠前期沉积的脂肪供给胎儿。

3. **生殖内分泌变化**　除孕酮水平变化以外，妊娠后母猪雌激素的合成和代谢也发生了变化。猪胎盘 E_2 合成始于妊娠第 11 天并持续整个妊娠期，对维持孕体存活和发育发挥着关键作用。随着妊娠的进行，胎盘逐渐成为 E_2 合成和内分泌的主要器官，胎盘 E_2 可释放进入母体和胎儿体内，影响物质代谢、胎儿发育和分娩。E_2 也对 GnRH、FSH 和 LH 具有抑制作用。

4. **胎儿生长和发育**　配种后，如果精子和卵子在输卵管内完成受精过程，受精卵会下移至子宫角，在下移的过程中受精卵开始分裂和发育，从 1 细胞逐渐发育至 2 细胞、4 细胞、8 细胞和 16 细胞的卵裂球，大约在排卵后的第 4 天形成桑葚胚，桑葚胚吸取子宫养分后形成囊胚。囊胚发育过程中透明带消失，外层的滋养层细胞与母猪子宫内膜产生联系，凭借囊胚可大量摄取体液的能力，胚胎的体积和重量迅速增加。在配种结束后 12～13 d，胎盘开始与子宫建立更为密切的关系，胎盘开始附植。第 18～24 天胎盘基本形成，母体的营养物质通过胎盘向胎儿发生转移，胎儿开始生长和发育。第 30 天时胚胎重约 2 g，此后重量迅速增加。猪妊娠 80 d 后，母猪侧卧时即可看到其腹壁的胎动，腹围显著增加。

5. **行为变化**　母猪妊娠后，表现为发情周期停止，性情温顺、安静，食欲增加，营养状况改善，毛色润泽光亮，行为谨慎安稳。

（三）妊娠 28 d 母猪子宫及胎儿的变化

1. **子宫**　随着母猪妊娠时间的延长，子宫体积逐渐增大，包括增生、生长和扩展 3 种变化。胚泡附植前，子宫内膜因孕酮的致敏而增生，其变化是血管分布增加、子宫腺增大、腺体卷曲及白细胞浸润。胚泡附植后，子宫开始生长，其变化是子宫肌肥大，结缔组织基质广泛增加、纤维成分及胶原含量增加，子宫基质的变化对于子宫适应孕体的发展和产后复原具有重要意义。在子宫扩展期间，子宫生长减慢而其内容物加速增长；子宫颈内的腺管分泌黏稠的黏液；子宫颈括约肌收缩，把子宫颈封闭起来。妊娠前半期，子宫体积的增大主要是子宫肌纤维肥大增生；妊娠后半期，主要是胎儿长大使子宫壁扩展，子宫壁因此变薄。

2. 胎儿 妊娠28 d胎儿的发育和变化主要包括胚胎的早期发育、胚胎附植及胎盘形成、原肠胚形成与器官发生。妊娠11～13 d胚胎附植嵌入子宫壁，约在妊娠18 d猪胎盘开始形成。猪胎盘属于绒弥散型非蜕膜上皮绒毛膜型胎盘，胎儿发育过程中除胚胎外，还包括绒毛膜、羊膜、尿膜和卵黄膜等胎盘外组织的发育。配种后至28 d胚胎发育情况如表6-1所示。

表6-1 猪胚胎发育和主要器官发生时期

胚胎发育	配种后时间（d）	胚胎发育	配种后时间（d）
桑葚胚	3～4	尿囊明显	16～17
囊胚	4～5	前肢芽	17～18
原肠胚形成	7～8	后肢芽	17～19
绒毛囊伸长	9	趾分化	28 d后
原条形成	9～12	鼻孔和眼分化	21～28
神经管开放	13	附植	12～24
体节（首次）分化	14	尿囊代替外腔体	25～28
羊膜绒毛褶明显	16	瞬膜闭合	28
神经管闭合	16	毛囊	28

引自赵书广，2013。

二、妊娠诊断方法及诊断过程

（一）返情检测法

返情检测法就是在母猪配种后一定时间，依据母猪发情表现，进而判断母猪是否返情的方法。母猪配种后18～24 d，用性欲旺盛的、健康的成年公猪试情，若母猪拒绝公猪接近，并在公猪试情后3～4 d不出现发情，可初步确定为母猪妊娠。另外，有经验的配种员通过母猪配种后 18～24 d 有无静立反射表现，来判断母猪是否返情。

（二）B 超检查法

B 超检测法是在母猪配种后一段时间，使用 B 超在体外经腹部或直肠检测获得子宫附近组织的图像，根据图像中明暗规律分辨子宫、胎儿及胎水等组织，用于判断母猪是否妊娠及妊娠天数的方法。

一般情况下，配种后 30 d 左右用 B 超经腹部进行母猪妊娠检查。通过 B 超最早在妊娠 18 d 能检测到孕囊；在妊娠 21～35 d 能够检测到胚胎的心跳信号。

1. 操作步骤　B 超妊娠检测时母猪无需保定，探测部位选择母猪腹部贴近后腿的位置，最后 1 对乳房两侧（此部位被毛稀少，无需剪毛）多次检测，随着妊娠日龄的增加，探查部位逐渐前移，最后可达肋骨的后端（图 6－1）。探测时，B 超探头频率为1～5 MHz，将耦合剂均匀涂抹在 B 超探头上，也可抹在母猪待探测的部位；将探头与母猪体轴垂直，再向上 45°角用力顶在母猪身体上（注意避免耦合剂脱落或者碰到母猪身体其他部位），手持探头进行扇形扫描或者滑动扫描，先找到膀胱（暗区）、肠管或子宫的强反射区（亮区），然后在附近寻找胚胎的弱反射区（暗区）。

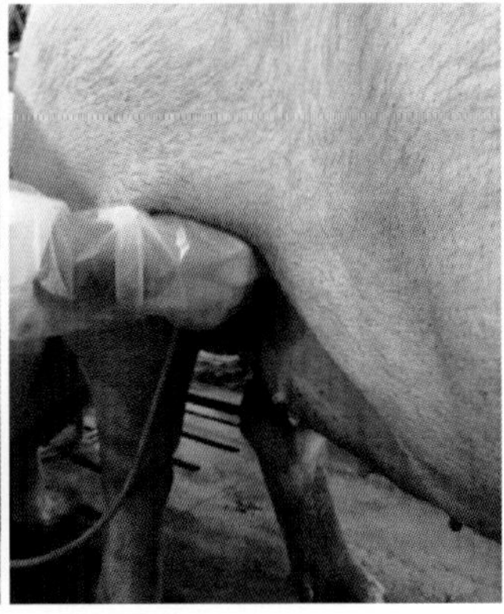

图 6－1　猪 B 超妊娠检测的位置

2. 结果判定 B超妊娠检测中典型的胚胎声像图是圆形或椭圆形的黑色斑块，外包一圈较亮的妊状带。在实际检测时受母猪年龄、体况、胎龄、卧姿和胚胎数量等的影响，声像图会有所不同。在进行检测时一般应该先找到一些易探测、易识别的器官作为参考，以确定探测的大致位置。

妊娠20 d左右的母猪即可进行B超检测，但由于此时羊水太少，图像不易判断，同时也会因检测人员的经验而影响准确度。

空怀及妊娠不同时间母猪子宫的B超影像如图6-2所示。

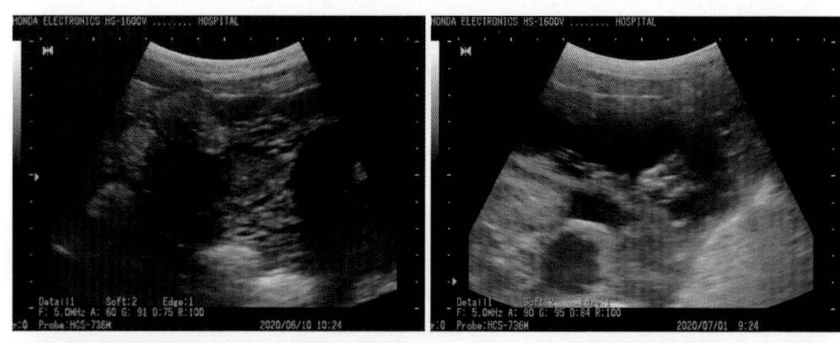

A.未妊娠母猪腹部B超(发情期子宫角)　　B.妊娠20 d孕囊

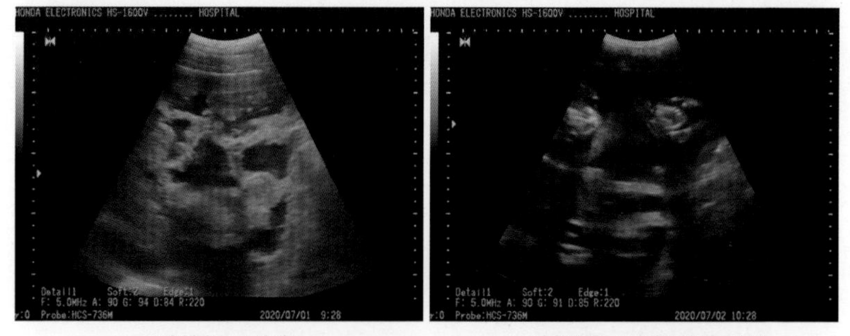

C.妊娠40 d孕囊　　D.妊娠60 d孕囊(骨骼可见)

图6-2　空怀和妊娠不同时间的B超图像

（三）其他诊断方法

此外，可以依据母猪妊娠早期出现的孕酮和雌激素水平的变化来判断妊娠与否。母猪妊娠早期外周血中孕酮和硫酸雌酮（E1S）浓度显著高于未妊娠母猪，可在配种后 21～30 d 作为标记物判断母猪是否妊娠。目前，市场上也有基于孕酮标记物开发的猪用测孕试纸条，但不同公司生产的试纸条灵敏度不同，可经前期验证后再大规模使用。

近些年，也出现了依据猪早孕因子蛋白（early pregnancy factor，EPF）检测母猪是否妊娠的方法。EPF 检测对妊娠母猪具有很高的特异性，母猪受精后 24 h 可在血清中检测到 EPF 活性，且在猪体内几乎持续整个孕期。一旦妊娠终止，血清中 EPF 立即消失。因此，EPF 对母猪早期和超早期妊娠诊断有着重要意义。目前检测 EPF 活性的经典方法是玫瑰花环抑制试验，其含量以玫瑰花环滴度（RIT）表示。

三、妊娠诊断方法的选择

在实际生产中，不同养殖场可根据自己猪场技术人员、经济实力和设备等情况，采用不同的妊娠检查方法。一般来说，返情检查法简单易行，要求技术人员有较好的技术水平和责任心，同时要对疑似返情母猪复检并做好记录；B 超检查法可提前至配种后 20 d 左右进行，准确率较高，但需要配备专门的兽用 B 超仪，技术人员也需进行培训；早孕因子蛋白和主要生殖激素水平的检测需专门的设备和试剂，有条件的猪场可先验证效果后再大规模使用。综合比较，推荐腹部 B 超检查。

思考题

1. 母猪早期妊娠诊断的生产意义？
2. 母猪不同妊娠诊断方法的原理是什么？
3. 简述 B 超妊娠诊断的优缺点。

第七章 CHAPTER 7 猪繁殖障碍疾病的防治

［简介］掌握母猪、公猪常见繁殖障碍疾病的症状，进行准确诊断及治疗，并在生产中加强对繁殖障碍疾病的预防，提高养猪生产效率。本章重点介绍常见繁殖障碍疾病的症状、病因，并针对性提出防治方法。

一、母猪主要繁殖障碍疾病的诊断与防治

母猪的繁殖障碍疾病主要包括卵巢疾病与生殖道疾病。卵巢疾病常见有卵泡囊肿、黄体囊肿、卵巢静止等，通常会引起母猪不发情，即乏情，有的母猪会出现异常发情。生殖道疾病常见有子宫炎及阴道炎等。

（一）母猪乏情

是指断奶母猪或已达到配种月龄的后备母猪长时间不发情，不表现发情症状的一种生理状态。后备母猪初情期通常为160～200日龄，大于210日龄或者体重达到120 kg以上仍没有出现发情，以及经产母猪断奶后经过15 d依旧没有出现发情，都称为乏情。

1. 病因 在乏情期，卵巢功能相对不活跃，且没有较大的卵泡或功能性黄体。乏情通常是由于大脑的下丘脑区域分泌的促性腺激素释放激素（GnRH）不足引起的生殖内分泌紊乱，导致卵巢机能减退。造成这种现象的主要因素包括母猪营养状况、胎次、季

节、环境、管理及遗传等。营养因素主要是由于饲料营养不全面，如缺少蛋白质、维生素、矿物质及微量元素等，导致母猪过肥或过瘦（图7－1）；胎次因素主要是初产母猪在断奶后易发生二胎综合征，所谓二胎综合征是指第二胎的母猪较其他胎次经产母猪发情率低、淘汰率高等综合现象；管理因素主要是猪舍阴暗潮湿、缺少光照、夏季热应激、冬季保温设施较差、通风不良及缺少运动等；遗传因素如幼稚病引起脑下垂体机能不全，达到交配年龄时生殖器官仍发育不全或无性周期。

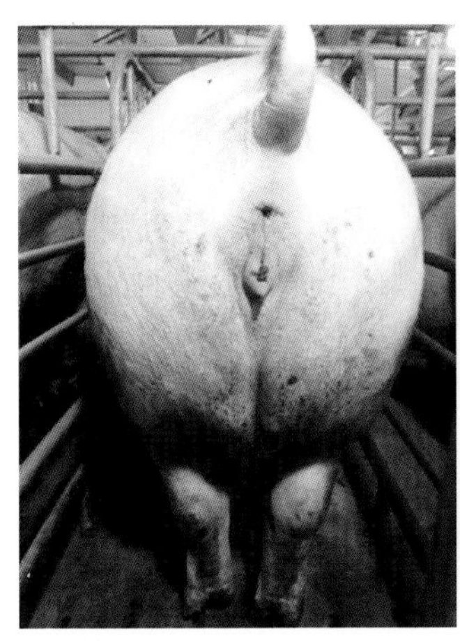
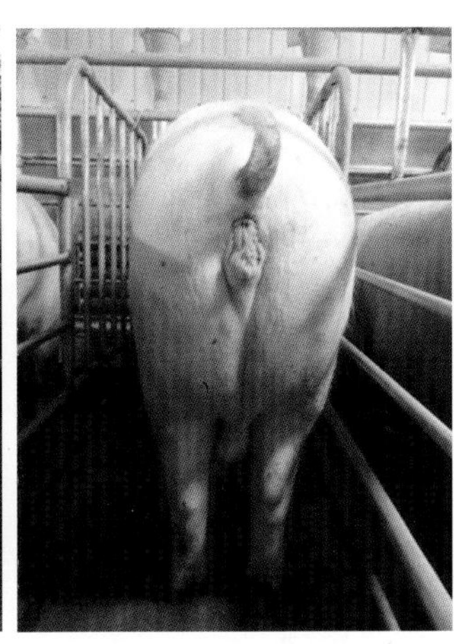

图7－1　断奶后过肥（A）和失重（B）的母猪

2\. 症状　母猪性欲减退或缺乏，长期不发情，排卵失常，屡配不孕。

3\. 防治　根据乏情的原因，加强饲养管理是防治此类不孕症的根本措施。可根据具体情况和条件，选用下述方法催情。

（1）调整母猪饲养管理　加强哺乳母猪的饲养管理，减少断奶失重，可有效防止断奶后的乏情。对已乏情的母猪应视具体情况而定，但首先要改善饲养管理。一是保证饲料营养充足、平衡，注意饲料中能量和蛋白质的比例，以及维生素、微量元素和必需氨基酸的添加量，配制专用饲料；二是调整母猪的膘情，对过肥的母猪要限制饲喂，减少喂料量，对于消瘦母猪要增加喂料量；三是注意减少温度、有害气体等环境应激，尤其是防止夏季热应激；四是使用公猪诱情、换圈等方法刺激母猪发情。

（2）生殖激素处理 用于发情调控的激素主要有孕马血清促性腺激素（PMSG）、氯前列烯醇、P. G. 600、人绒毛膜促性腺激素（hCG）、促排三号或戈那瑞林及烯丙孕素等。生产中有单独注射一种激素制剂，如 P. G. 600，也有组合使用，如肌内注射 800 IU 的孕马血清，然后对于发情猪加注 100 μg 促排三号或戈那瑞林，可促进正常排卵。

使用生殖激素要注意使用时机，一是针对断奶后 8 d 以上仍未发情的经产母猪；二是对 7 月龄以上仍未发情的后备母猪。此外，要注意激素制剂的选择，使用效果除评价母猪发情率外，还必须跟踪母猪用药后的排卵、受胎和产仔效果。实际生产中，应首先选用调整饲养管理的方法诱导猪发情，无效时才选择使用药物。

（二）难产

母猪在分娩过程中胎儿不能顺利产出，称为难产。临床特征表现为羊水已经流出，不停努责，不见仔猪产出，或产仔时间间隔 1 h以上，母猪痛苦呻吟，烦躁不安。

1. 病因　难产的病因大致可分为娩出力弱、产道狭窄及胎儿异常三类。

（1）娩出力弱 常见于母猪过肥或瘦弱，年老体瘦，或运动不足。

（2）产道狭窄 多为骨盆狭窄，这是由于母猪发育不全，或母猪过早配种，骨盆腔未发育完善，影响仔猪产出。阴道狭窄及子宫颈狭窄比较少见。

（3）胎儿异常 分娩时胎位不正，胎向不正及胎势不正，有时因胎儿过大或畸形，妨碍胎儿产出。

2. 临床症状　母猪预产期已到，并不断出现努责、排尿动作，但不能顺利产出胎儿，母猪表现烦躁不安，时起时卧，痛苦呻吟。有的母猪虽能顺利产出一部分胎儿，但之后由于娩出力减弱而不能继续产出胎儿。

3. **防治**　当发生难产时，应立即检查产道、胎儿及母猪全身状态，找到难产原因及性质，以便及时进行正确助产。

（1）娩出力微弱　妊娠母猪努责次数少且力量弱，以致长时间不能产出仔猪。有的母猪在产出一部分胎儿后，因过度疲惫，不能很快或无力产出其余胎儿。应根据具体情况，可采用下列助产方法：①给母猪静脉输入葡萄糖生理盐水等营养物质，使母猪恢复体力。②当子宫颈未充分张开，胎囊未破时，应隔着腹壁按摩子宫，以促进子宫肌的收缩。子宫颈已开张时，可向产道注入温肥皂水或油类润滑剂，将手伸入产道抓住胎儿头部或两前肢，配合母猪努责慢慢拉出。有时也可将母猪前下腹部抬起，这样也有利于拉出胎儿。③如果子宫颈已开张，并且胎儿及产道均无异常时，可应用催产剂，皮下注射缩宫素注射液，但不可注射太多，以防子宫过度收缩，致使子宫角包住胎儿。

（2）骨盆狭窄或胎儿过大　母猪阵缩及努责正常，但胎儿无法产出。检查时可发现胎儿中等偏大或骨盆狭窄。为了拉出胎儿，应向产道灌注温肥皂水或油类润滑剂，然后将手伸入产道抓住胎儿头或上颌及前肢，倒生时可握住两后肢，慢慢拉出胎儿。

（3）胎位不正　此类难产较少见，发生时胎儿多为横腹位及横背位。①横腹位是胎儿横位，四肢突入产道。助产的方法是用手将胎儿前躯向里推，然后握住后肢将胎儿拉出。②横背位是胎儿横卧，胎背朝向产道。助产时，若胎儿前躯靠近产道，则应向前推后躯，然后握住胎头及两前肢慢慢拉出；若胎儿后躯靠近产道，则应向前推前躯，然后握住两后肢向外拉出（图 7－2）。需要注意的是，人工助产后多伴有产道污染、损伤情况，故在完成助产后，应用抗生素冲洗产道，同时大剂量肌内注射抗革兰氏阳性菌的药物，以防止产道感染和子宫内膜炎的发生。

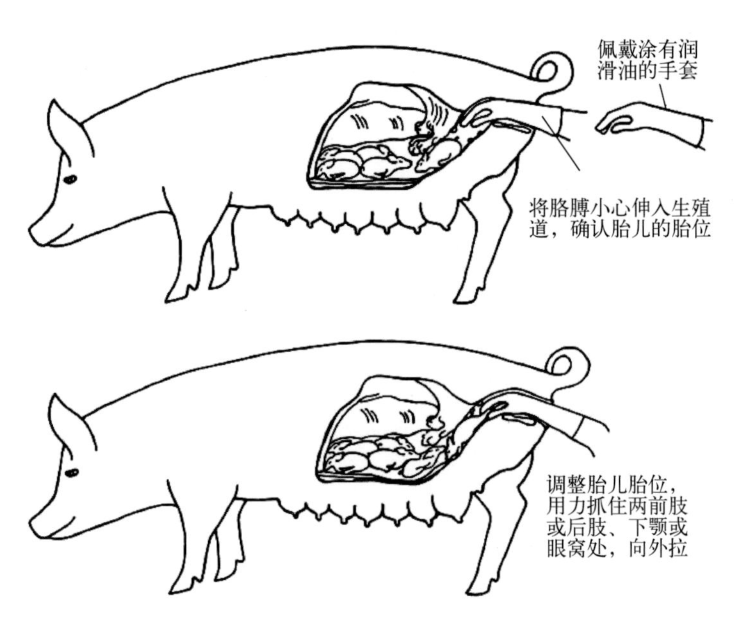

图 7-2　母猪助产方法

（引自 C. Robert Dove，2009）

（三）子宫内膜炎

子宫内膜炎是子宫黏膜的黏液性或化脓性炎症，为母猪常见的一种生殖器官疾病（图 7-3）。子宫内膜炎发生后，往往导致母猪发情不正常，或者发情虽正常，但不易受孕，即使妊娠也易发生流产。

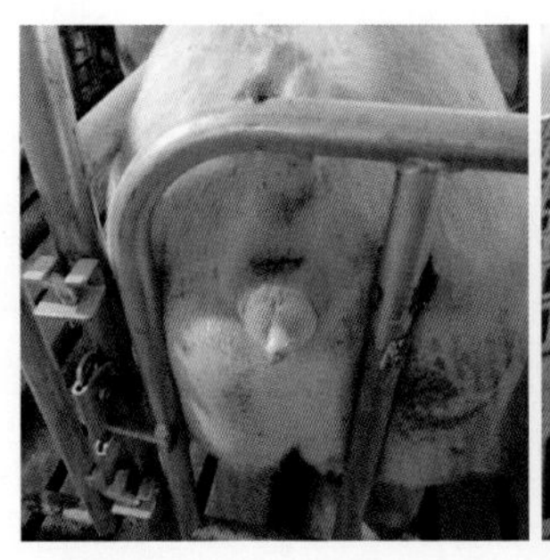

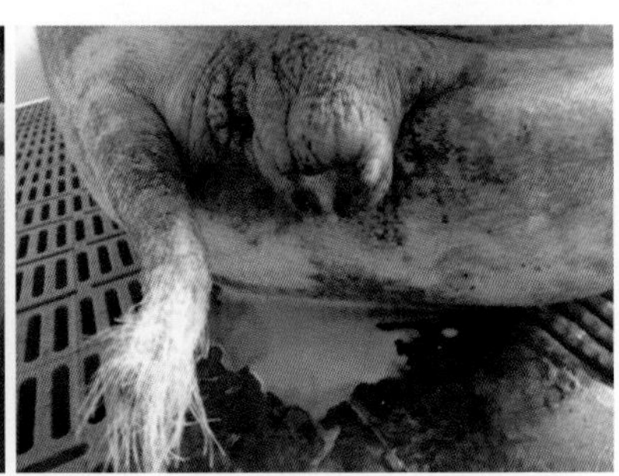

图 7-3　母猪子宫内膜炎症状

1. 病因　母猪分娩时产道损伤而导致感染，胎衣不下或有胎衣碎片残存，子宫弛缓时恶露滞留，难产时人工助产污染产道，人工授精时消毒不彻底，自然交配时公猪生殖器官或精液内有炎性分泌物等，均会导致子宫内膜炎。

2. 症状　在临床上可分为急性子宫内膜炎和慢性子宫内膜炎两种。

（1）急性子宫内膜炎　多发生于产后及流产，全身症状明显，病猪食欲减退或废绝，体温升高，时常努责，有时伴随努责从阴道内排出带臭味、污秽不洁的暗褐色黏液或脓性分泌物。

（2）慢性子宫内膜炎　多由急性子宫内膜炎治疗不及时转化而来，全身症状不明显，病猪可能周期性地从阴户内排出少量混浊液体。

3. 防治

（1）保持猪舍干燥，临产时地面应清洁、消毒；发生难产时助产应小心谨慎，取完胎儿、胎衣，应用抗菌消炎药剂冲洗产道；人工授精时应注意消毒。

（2）在炎症急性期，首先应清除积留在子宫内的炎性分泌物，选择抗菌消炎溶液冲洗子宫，冲洗后务必将残存的溶液排出。之后，可向子宫内注入抗生素。

（四）霉饲料中毒

饲料保管和贮存不善，如雨淋、水泡、潮湿等，容易使饲料发霉变质，产生霉菌毒素，当猪采食后会引起中毒。母猪采食过量霉变饲料后会直接影响其繁殖性能。

1. 病因　由饲料中霉菌（主要是黄曲霉菌、镰刀霉菌等）所分泌的毒素引起，主要有黄曲霉毒素、赤霉病毒素、玉米赤霉烯酮等。

2. 症状　本病主要发生在春末和夏季，由于玉米等谷物饲料中含水分较高，若存放条件不良，当气温升高、环境潮湿时，就容易出现饲料发霉，多量采食后，即可出现症状。

（1）急性中毒　较少见，以神经症状为主，病猪沉郁、垂头弓背、不吃不喝、大便干燥，有的呆立、有的兴奋不安，病死率较高。

（2）慢性中毒　妊娠母猪表现流产；空怀母猪可引起不孕；后

备小母猪阴户、阴道肿胀呈发情症状；哺乳母猪食欲减退，泌乳量下降；严重时引起哺乳仔猪慢性中毒。

3. 防治　一是在饲料配制中严禁使用发霉的饲料原料；二是改善饲料储存条件，保持干燥；三是在饲料中适当添加防霉剂。

二、公猪主要繁殖障碍疾病的诊断与防治

（一）性欲减退

性欲减退是指种公猪对发情母猪缺乏兴趣，缺乏爬跨行为的状态。公猪性欲减退时表现抗拒人工采精。

1. 病因　主要因为公猪在生产中过度使用、体力衰退；长期不使用且运动不足，过度肥胖；饲料中缺乏维生素 E 等营养元素导致其营养不良；患有某些疾病如睾丸炎、肾炎等。

2. 症状　公猪表现精神不振，食欲减退；对母猪无兴趣，不愿接近受配母猪或假台畜，无爬跨行为；抗拒人工采精，不让接近。

3. 防治　一是要合理使用公猪，没到交配年龄就不可以过早进行交配，对公猪的精液采集和交配不可过于频繁；二是公猪圈舍要有足够的活动空间或活动场地，保障公猪日常的运动；三是饲料中的营养元素要足量、均衡，合理饲喂；四是及时监测公猪健康情况，对生殖疾病要及时诊治。

（二）睾丸炎

睾丸炎是指公猪睾丸的输精管上皮退化变性，纤维增生或钙在睾丸中沉积，猪睾丸变得肿大、坚硬。发生睾丸炎时，虽然公猪的性欲不受影响，但是精液里的精子量少，精子畸形率升高，精液质量变差，最终会影响其配种受胎能力。

1. 病因

（1）机械损伤　机械损伤多由环境因素中的撞击、撕咬、尖锐物体刺伤等造成公猪的一侧睾丸发炎。轻微外伤可以通过及时消毒处理，恢复健康状态。如果睾丸严重损伤，很难通过药物治疗痊愈。

(2) 疾病损伤　公猪舍的生物安全没做好，环境中病原菌、病毒都能引起猪泌尿生殖道的感染，最终导致种公猪发生睾丸炎。直接导致猪睾丸炎的细菌有猪布鲁氏菌、猪丹毒杆菌、猪链球菌、金黄色葡萄球菌和大肠埃希菌等。猪布鲁氏菌在猪睾丸中定殖后引起炎症，损害公猪生产精子的能力。猪丹毒杆菌引起猪睾丸的炎症和变性。

2. 症状　由机械损伤引起的种公猪睾丸炎多呈一侧发病，损伤使得猪睾丸出现炎症。公猪表现为食欲减退，精神状态不佳，体温升高等症状。当由急性睾丸炎转为慢性睾丸炎后，睾丸周围的疼痛感消退，睾丸变得肿胀、坚实，行走中表现出运动障碍。随着睾丸炎病情的不断发展，阴囊皮肤可出现损伤或破溃，里面的浓汁向外流出。由病原菌、病毒感染所引起的种公猪睾丸炎，临床症状为睾丸、附睾变得坚实、肿胀，此外有一些脓汁液体从鞘膜腔内流出，睾丸会出现部分的实质性坏死、化脓（图 7－4）。

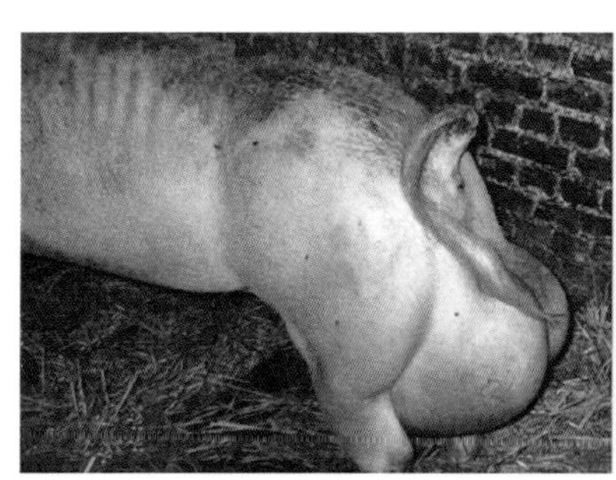
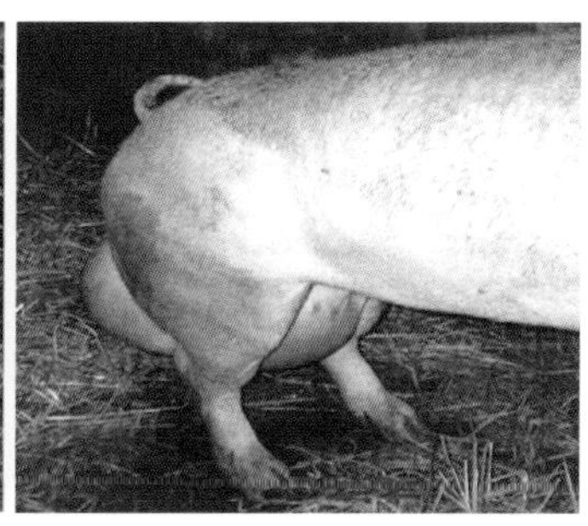

图 7－4　双侧睾丸肿大
（引自 Pierre Thilmant，2016）

3. 防治　一是加强管理，圈舍栏杆、墙壁及地面不要暴露尖锐硬物，日常防止公猪撕咬；二是对于化脓性睾丸炎，先进行手术切开排出脓汁，再用 0.9％氯化钠溶液清洗，然后在创口撒抗生素，对创口进行消毒、包扎处理，防止细菌和异物进入而导致二次感染；三是对于慢性睾丸炎，先涂布鱼石脂软膏，再注射抗生素进行治疗。

（三）精液质量不良

精液质量是评价种公猪繁殖力的一个重要指标，精液质量好坏与母猪的受胎率密切相关。公猪生产性能的好坏直接影响整个养猪业的生产效率。精液质量不良主要指精液色泽、气味异常，以及精子密度过低、活力差、畸形率高。

1. 病因　一是公猪采精或配种频率过高、睾丸退化，导致精液由于含精子少而透明度高。二是遗传、管理、环境等因素。睾丸维持正常生精能力的温度比其体温低 3～5 ℃。如果外界环境温度高于 28 ℃，睾丸温度将高于最佳生精温度，会明显影响精子的生成；如果气温持续超过 33 ℃，有的公猪基本不产生精子。三是饲料养分不足造成精子密度过低、活力差，霉变饲料还能降低精液量。四是一些疾病，如睾丸疾病、乙型脑炎、布鲁氏菌病等，都可导致种公猪丧失性欲和生精能力，降低精子的密度。公猪发生睾丸炎、附睾炎、副性腺炎、泌尿生殖道炎等，炎性分泌物均可导致精子死亡，降低精子活力，使精液中混有脓液和异味。

2. 症状

（1）精液色泽、气味异常。正常的公猪精液为浅灰色或浓乳白色。精液异常通常有三种情况：精液由于含精子少而透明度高；精液中混有血液而出现红色血精；副性腺发炎、化脓使精液呈绿色或黄色，并散发出异味。

（2）精子密度过低，活力差。正常情况下，种公猪精子密度应在 1 亿个/mL 以上，一般种公猪的射精量越大，精子的密度越小。但如果少于 1 亿个/mL，则认为精液密度过低，造成精液中无精子或少精子（图 7－5）。

（3）精子畸形率高。不同精子形态见图 7－6。

3. 防治

（1）进行种公猪选择　在选留种公猪时，首先要了解其父本、母本的繁殖能力，由遗传造成的先天性精子生成机能障碍的不可选留；同时应选择睾丸大、发育正常，两侧睾丸对称、充实、饱满、

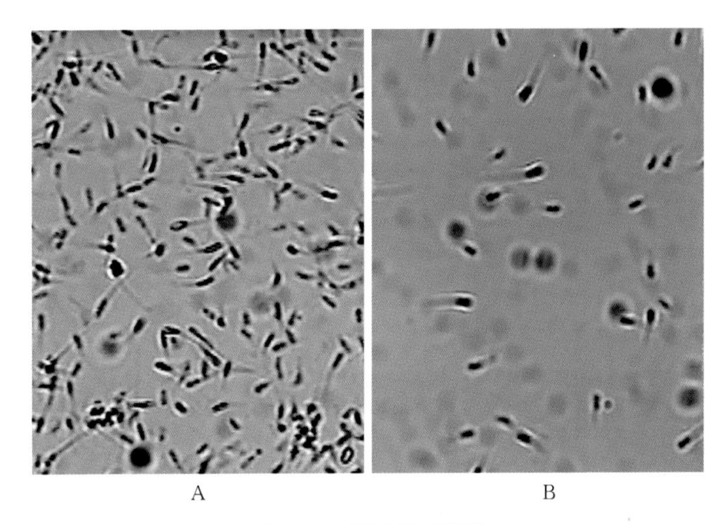

图 7-5　不同精子密度

A. 正常精子密度　B. 低精子密度

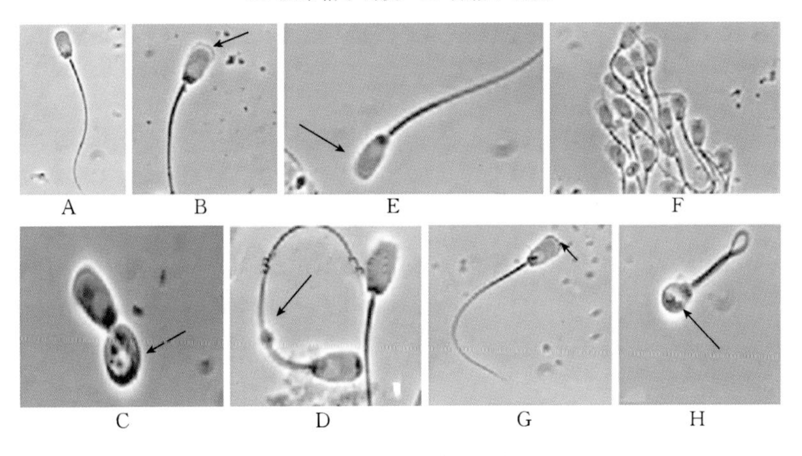

图 7-6　不同精子形态

A. 正常　b. 顶体脱落　C. 弯尾　D. 脂滴　E. 头部拉长

F. 聚头　G. 顶体翘起　H. 梨形头部

（引自 Rozeboom K. J.，2000）

有一定弹性的公猪作种用。

（2）加强种公猪的饲养　种公猪的射精量比其他家畜多，需要从日粮中获取各种营养物质。应注意在日粮中给予优质的蛋白质饲料；同时添加多种维生素，特别是维生素 A、维生素 D、维生素 E 等。

（3）加强种公猪的运动 除自由运动外，每天进行驱赶运动，有条件的养殖场还可结合放牧适当增加种公猪的运动量。

（4）单圈饲养，圈舍做好防暑降温 避免公猪之间相互咬斗造成睾丸损伤；夏季猪舍要通风降温，防止睾丸温度上升，破坏生精机能。可采取洗浴、湿帘、冷敷睾丸等措施，有条件的规模养猪场可以安装风扇、空气过滤系统、空调等装置（图 7－7）。

图 7－7 某种公猪站的空气过滤系统（左）及中央空调出风口（右）

（5）合理利用种公猪 小公猪开始配种不宜早于 8 月龄，且配种或采精频率要控制在每周 1～2 次；2～4 岁的壮年公猪每周可使用 3～4 次。

（6）及时预防繁殖障碍疾病 繁殖障碍疾病如蓝耳病、细小病毒病、乙型脑炎、布鲁氏菌病等，都能影响精子的生成和精液的质量，致使公猪发生不育症。应按免疫程序定期预防接种，对其他原因引起的睾丸炎和睾丸外伤等应及时进行药物处理。

思考题

1. 使用生殖激素处理乏情母猪有哪些注意事项？
2. 难产母猪的助产有哪些注意事项？
3. 生产中应从哪几个方面预防公猪繁殖障碍疾病？

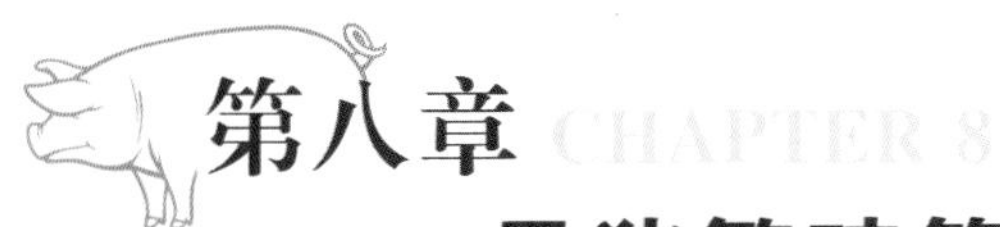

第八章 母猪繁殖管理

［简介］母猪的繁殖管理是养殖场生产的核心工作。本章主要从繁殖性能指标、合理制定繁殖性能指标、猪繁殖技术人员的岗位职责与考核、猪繁殖记录与繁殖问题监控及不同时期母猪繁殖管理要点几个方面进行介绍。

一、繁殖性能指标

（1）发情率 指一定时期内发情母猪占可繁母猪数的百分比。

（2）经产母猪断奶7 d发情率 经产母猪断奶后7 d之内自然发情的比例。

（3）妊娠率 实际妊娠母猪头数占参与配种的母猪数的比例。

（4）分娩率 分娩母猪数占配种母猪数的比例。

（5）窝产总产仔数 出生时同窝仔猪的总头数，除活仔外也包括死胎、木乃伊及畸形猪。

（6）窝产活产仔数 指出生时存活的仔猪数，包括即将死亡的弱仔。

（7）断奶仔猪数 断奶仔猪的头数。

（8）年产胎数 猪场全年分娩的胎数除以母猪的日均存栏量。

（9）年提供活仔猪数 1头母猪1年产活仔猪头数。

（10）年提供断奶仔猪数（PSY） 每头母猪年断奶仔猪头数，计算公式为：年提供断奶仔猪数（PSY）＝母猪年产胎次×窝产活仔数×仔猪成活率。

（11）非生产天数 非生产天数是存栏母猪既未妊娠又未泌乳的天数，计算公式为：非生产天数＝365－(泌乳天数＋妊娠天数)×年产胎次。

（12）群体母猪更新率 每年淘汰补充的母猪数占母猪种群的比例。

（13）后备母猪利用率 后备母猪240～300日龄之间配种的比例。

（14）母猪淘汰率 一段时期内母猪的淘汰数占总存栏数的比例。

二、合理制定繁殖性能指标

（一）合理制定猪繁殖性能指标的原则

合理制定猪繁殖性能的主要原则是饲养好种猪，确保正常发情、配种、妊娠，能够按计划均衡配种，完成全年计划产仔任务。

1. 繁殖节律 各批母猪发情的时间间隔称为繁殖节律。应有计划、均衡地生产，充分利用猪舍空间，合理组织劳动管理，根据现有猪群规模和场内设备条件，确定繁殖节律。繁殖节律按间隔天数可分为1周批、2周批、3周批、4周批等。

2. 工艺流程 后备母猪达到适配日龄、经产母猪断奶后，发情配种。配种需1～2周，妊娠期16.5周。配种后进入妊娠前期，这个阶段主要做好妊娠诊断和母猪的前期饲养工作；5周以后，进入妊娠中期和后期，这个时期主要注意母猪膘情控制，观察母猪是否空怀，做好常规保健工作；预产期前1周进入产房，此时应注重母猪的产前、产后保健，主要工作是母猪的接产和母、仔猪的护理工作。哺乳母猪3～4周断奶后，转回配种妊娠舍进入下一个生产循环。断奶仔猪转入保育舍饲养6～7周，再转入生长育肥舍育肥至出栏（图8-1）。

3. 每周工作流程 见表8-1。

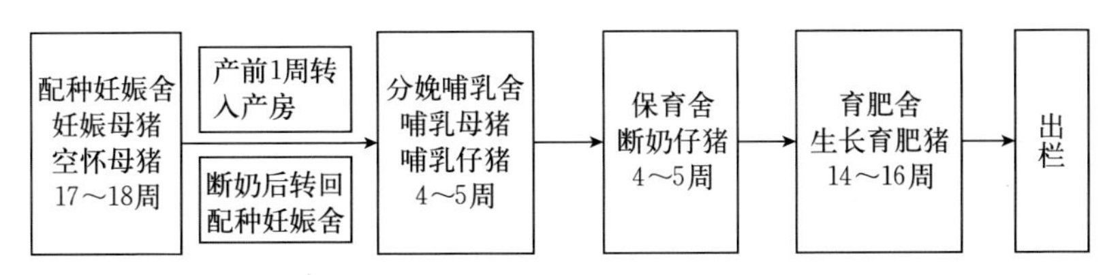

图8-1　批次配种流程图

注：哺乳母猪断奶后转回配种妊娠舍，在图中没有显示

表8-1　周工作日程

日期	配种妊娠舍	分娩舍
周日	（1）日常工作 （2）临产前1周母猪清洗消毒后转入产房	（1）日常工作 （2）接纳临产前1周母猪
周一	（1）日常工作 （2）彻底清洁，做好周二消毒前准备	（1）日常工作 （2）彻底清洁，做好周二消毒前准备
周二	（1）日常工作 （2）彻底消毒	（1）日常工作 （2）彻底消毒
周三	（1）日常工作 （2）机动安排	（1）日常工作 （2）机动安排
周四	（1）日常工作 （2）接收断奶母猪，分群并入配种舍	（1）日常工作 （2）断奶母猪调入配种舍 （3）断奶仔猪转入保育舍
周五	（1）日常工作 （2）种猪鉴定工作	（1）日常工作 （2）常规带猪消毒
周六	（1）日常工作 （2）整理填写各种报表 （3）配合统计周末盘存	（1）日常工作 （2）整理填写各种报表 （3）配合统计周末盘存

（二）猪繁殖目标

（1）完成每周计划配种任务，保证全年均衡生产。

（2）母猪配种分娩率 88％以上。

（3）全年窝平均产活仔数在 10.5 头以上，仔猪平均初生重在 1.4 kg 以上。

（4）引进后备母猪至配种前淘汰率低于 5％，后备公猪淘汰率低于 10％。

（5）保持种猪合理膘情和良好健康状况，保证公猪使用年限为 2 年，母猪使用年限为 3.5 年。

（6）保证合理的胎龄结构：1～2 胎 30％左右；3～6 胎 60％左右；7 胎以上 10％以下。

（7）全场母猪年更新率 27％～33％；公猪年更新率 50％以内。新猪场第一、二年更新率：母猪为 15％～20％，公猪为 40％以内。

三、猪繁殖技术人员的岗位职责与考核

（一）繁殖技术人员岗位职责

（1）负责组织本组人员严格按《饲养管理技术操作规程》和每周工作日程进行生产。

（2）及时反映出现的生产和工作问题。

（3）负责整理和统计生产日报表和周报表。

（4）生产人员休息替班。

（5）负责定期全面消毒、清洁绿化工作。

（6）负责饲料、药品、工具的使用、领取及盘点工作。

（7）服从生产线主管的领导，完成生产线主管下达的各项生产任务。

（8）负责配种工作，保证生产流程运行。

（9）负责种猪转群、调整工作。

（10）负责公猪、后备猪、空怀猪、妊娠猪的预防接种工作。

（二）繁殖技术人员岗位设置

以一个500头的母猪场为例，人员设置如下：

（1）配种车间　主管1名，配种员1名，饲养员1名。

（2）分娩车间　主管1名，兽医1名，饲养员2～3名。

（三）繁殖主管职责与考核

（1）按照卫生防疫制度要求，做好舍内外环境卫生，做好猪舍内温、湿度调控和通风换气等工作，保证种猪良好的生活环境。

（2）每天仔细观察种猪的行为，评估其健康状况及行为表现，发现病猪及时治疗，并做好母猪发情记录。

（3）做好发情鉴定，掌握最佳时机配种或输精，认真填写配种记录。

（4）按照不同生理阶段饲喂标准和猪只个体膘情，给每头猪准确投放精饲料和青饲料。

（5）做好各种工作计划，包括年配种计划、周配种计划、合理使用公猪计划、种猪更新计划等。

（6）按照免疫程序规定，认真做好各种疫苗注射。

（7）认真做好临产母猪上产床前的清洗消毒工作，并严格做好断奶母猪膘情鉴定和分栏工作。

（8）按计划适时安排仔猪断奶，提高母猪年生产能力。

（9）定期检查和维修猪舍的各种设备，保证各种设备的正确使用和防火安全措施的落实。

（10）做好各项生产记录和报表。

（11）积极协助和配合其他车间工作，最大限度地提高生产效率和猪舍的空间利用率。

（四）繁殖技术人员职责与考核

（1）负责种猪的发情配种、孕期管理、卫生消毒、环境调控等各项种猪繁育期的饲养管理工作。

(2) 负责质量管理工作的执行。

(3) 负责安全生产检查工作。

(4) 负责猪群的防疫、治疗工作。

(5) 负责各项生产记录的建立、记录和保存工作。

(6) 负责饲养员的培训工作。

(五) 繁殖技术人员的激励

对技术人员实行量化管理，对猪场的损耗、生产指标和报酬以数据形式进行量化控制，从而降低成本、提高经济效益。

1. 工资结构　当月工资=基本工资+绩效考核

2. 绩效考核内容　以一个1 000头母猪场为例，对妊娠配种车间技术人员设定奖励制度：

(1) 母猪月淘汰率　妊娠母猪1.5%，断奶空怀母猪6%，少淘汰1头奖50元。

(2) 母猪月死亡率　全群非正常死亡率少于0.3%，少死1头奖100元。

(3) 窝均产活健仔数　头胎母猪产9头，经产母猪产10头，多产1头奖15元。

(4) 月分娩率　85%，每多1个百分点、每多分娩1窝奖20元。

四、猪繁殖记录与繁殖问题监控

(一) 猪繁殖记录

记录每头母猪的耳号、品种、断奶时间、发情时间、配种公猪、妊娠期间是否有返情、流产，以及胎次、预产期、产仔总数、产健仔数、产死胎数、产木乃伊数、仔猪初生重、仔猪断奶重等基本信息。

(二) 猪繁殖记录常用表格

猪繁殖记录常用表格见表8-2至表8-5。

表 8－2　公猪档案卡

<table>
<tr><td>耳　号</td><td></td><td colspan="2">出生日期</td><td></td></tr>
<tr><td>品种品系</td><td></td><td colspan="2">来　　源</td><td></td></tr>
<tr><td rowspan="4">初配时间</td><td rowspan="4"></td><td rowspan="4">评价</td><td>体　况</td><td></td></tr>
<tr><td>毛　色</td><td></td></tr>
<tr><td>免疫力</td><td></td></tr>
<tr><td>繁殖性能</td><td></td></tr>
<tr><td colspan="5"></td></tr>
</table>

表 8－3　母猪档案卡

耳号：　　　　　　　　　品系：　　　　　　来源：

<table>
<tr><td colspan="2">配种日期</td><td></td><td></td><td></td><td></td><td></td><td></td><td></td><td></td><td></td><td></td><td></td></tr>
<tr><td colspan="2">与配公猪</td><td></td><td></td><td></td><td></td><td></td><td></td><td></td><td></td><td></td><td></td><td></td></tr>
<tr><td colspan="2">预产日期</td><td></td><td></td><td></td><td></td><td></td><td></td><td></td><td></td><td></td><td></td><td></td></tr>
<tr><td colspan="2">分娩日期</td><td></td><td></td><td></td><td></td><td></td><td></td><td></td><td></td><td></td><td></td><td></td></tr>
<tr><td rowspan="4">产仔情况</td><td>健仔</td><td></td><td></td><td></td><td></td><td></td><td></td><td></td><td></td><td></td><td></td><td></td></tr>
<tr><td>弱仔</td><td></td><td></td><td></td><td></td><td></td><td></td><td></td><td></td><td></td><td></td><td></td></tr>
<tr><td>死胎</td><td></td><td></td><td></td><td></td><td></td><td></td><td></td><td></td><td></td><td></td><td></td></tr>
<tr><td>木乃伊</td><td></td><td></td><td></td><td></td><td></td><td></td><td></td><td></td><td></td><td></td><td></td></tr>
<tr><td colspan="2">寄养情况</td><td></td><td></td><td></td><td></td><td></td><td></td><td></td><td></td><td></td><td></td><td></td></tr>
<tr><td rowspan="3">断奶</td><td>日期</td><td></td><td></td><td></td><td></td><td></td><td></td><td></td><td></td><td></td><td></td><td></td></tr>
<tr><td>头数</td><td></td><td></td><td></td><td></td><td></td><td></td><td></td><td></td><td></td><td></td><td></td></tr>
<tr><td>窝重</td><td></td><td></td><td></td><td></td><td></td><td></td><td></td><td></td><td></td><td></td><td></td></tr>
<tr><td colspan="2">其他</td><td colspan="11"></td></tr>
</table>

表 8-4　返情和流产母猪情况

日期	耳号	返/流	配种日	次数	非生产天数	原因分析	处理意见

表 8-5　配种房日常工作记录

生产周：　　　　　　　　　　　　　　负责人：

日期	配种	待配头数	转入/转出	返情/空怀	其　他

（三）数据分析与繁殖问题监控

（1）种猪的受胎率　查找是公猪精液质量问题，还是母猪繁殖问题，及时淘汰性能差的公猪和母猪。

（2）配种计划　根据猪场生产情况和猪价，及时调整每周的配种头数。

（3）仔猪的初生重和断奶重　及时查找仔猪初生重或断奶重偏

大和偏小的原因，并随时调整母猪饲料配方和饲喂量。

（4）母猪返情和流产情况　及时查找母猪返情和流产的原因，有针对性地解决问题。

五、不同时期母猪繁殖管理要点

（一）后备母猪的繁殖管理

（1）按母猪日龄，分批次做好免疫计划、限饲优饲计划、驱虫计划，并予以实施。后备母猪配种前驱体内外寄生虫1次，进行乙型脑炎、细小病毒病、猪瘟、伪狂犬病、口蹄疫等疫苗的注射。

（2）日喂料2次，饲喂量应根据母猪的体况而定。母猪过肥会影响排卵数和胚胎成活率；过瘦则会造成母猪不发情、排卵少、卵子活力弱、卵子受精能力低。限饲优饲计划：母猪6月龄以前自由采食，7月龄适当限制。配种前10～14 d优饲以促进母猪发情排卵，恢复母猪膘情。对过肥母猪可以采取一定程度的限饲，这样可以使母猪体况适中，限饲时每天每头母猪喂料量控制在2 kg以下，优饲时为2.5 kg以上或自由采食。

（3）后备母猪发情记录从6月龄开始，由专职的配种员认真观察母猪发情表现，做好后备猪发情记录。配种员应仔细观察初次发情期，以便在第2～3次发情时及时配种，做到1个情期2次以上适时配种，并做好配种记录。经21～28 d观察，确认配种成功的母猪，经体表消毒后转入妊娠舍，并填写转群日报表。

（4）后备母猪小群饲养，每栏5～8头。

（5）引入后备猪第一周，饲料中适当添加抗应激药物如维生素C、多维、矿物质添加剂等。

（6）引入后备猪至少在隔离舍饲养40 d，若能周转开，最好饲养到配种前1个月，即母猪7月龄、公猪8月龄。转入生产线前最好与本场老母猪或老公猪混养2周以上。

（7）后备猪每天每头喂2.0～2.5 kg，根据不同体况、配种计划增减喂料量。后备母猪在第一个发情期开始，要安排喂催情料，比规定料量多 1/3，配种后料量减到 1.8～2.2 kg。

（8）进入配种区的后备母猪每天驱赶到运动场 1～2 h，并用公猪试情检查。

（9）以下方法可以刺激母猪发情：调圈；和不同的公猪接触；尽量靠近发情的母猪；进行适当的运动；限饲与优饲；应用激素。

（10）凡进入配种区后超过 60 d 不发情的后备母猪应淘汰。

（11）对患有气喘病、胃肠炎、肢蹄病等的后备母猪，应隔离单独饲养，且隔离栏应位于猪舍的最后；观察治疗 2 个疗程仍未见有好转的，应及时淘汰。

（12）后备母猪在 7 月龄转入配种舍。后备母猪的初配月龄须达到 7.5 月龄，体重要达到 110 kg 以上；公猪初配月龄须达到 8.5 月龄，体重要达到 120 kg 以上。对已配种的母猪，在交配后 21 d 内要注意，此阶段是胚胎附植于子宫角的关键时期，内分泌系统处于调整状态，大量采食高能高蛋白饲料，会因增加肾上腺激素的分泌而导致胚胎死亡增加，因此一定要保持配种舍环境安静，不使母猪受到任何形式的干扰刺激，同时限制饲喂量在 1.8 kg 以下。另外，要注意检查母猪是否重新发情，可用公猪试情。

（二）妊娠期母猪的繁殖管理

母猪妊娠 4 周到产前 4 周，是胚胎细胞减数分裂、分化和早期生长发育阶段。此期的营养物质主要是用于维持母猪基础代谢、胚胎早期生长发育，通常只要维持母猪 45 g 的日增重即可，过多的饲喂不仅造成饲料的浪费，而且增加母猪的负担（夏季高温时期尤其如此）。胚胎生长主要集中在妊娠期的最后 1/4 时间内，妊娠母猪能量供给过多会影响母猪繁殖成绩和泌乳，长期多喂也会造成母猪体重过大，同时，妊娠期的过度饲喂可能造成母猪在哺乳期厌食或食量下降，导致母猪过度失重或泌乳力降低，从而影响母猪以后的繁殖力和仔猪发育。

妊娠母猪繁殖管理的目标是：要求母猪有适度的增重，尽量减少死胎和流产，保证仔猪初生重达到该品种的平均水平，保证仔猪出生后个体大小比较整齐。

1. 饲喂

（1）保证母猪有适度膘情，不使母猪过肥或过瘦（传统评分的七至八成膘），即龙骨和盆骨不外露，但手按可触及。通常日喂1.8～2.2 kg、中等偏低营养水平的饲料；但妊娠后期的最后3周须进行短期优饲，以高水平饲料增加饲喂量至2.5～3.2 kg。

（2）要注意饲料的质量，切忌饲喂腐烂、变质、发霉的饲料；饲喂的时间、次数要有规律，不能随意改变；饲料的变换要逐渐过渡，以免造成应激。

在正常体况下，150 kg体重母猪可采用以下饲养方案：

① 配种后至妊娠28 d　饲喂妊娠母猪料2～2.2 kg。

② 妊娠29～84 d　饲喂妊娠母猪料2.2～2.5 kg。

③ 妊娠85～99 d　饲喂哺乳母猪料2.5～3 kg。

④ 妊娠100～112 d　饲喂哺乳母猪料3～3.5 kg。

⑤ 妊娠113 d至分娩　饲喂哺乳母猪料2～3 kg。

2. 管理

（1）妊娠母猪舍一定要保持环境安静，严禁鞭打、追赶母猪，尽可能让母猪休息好。

（2）条件许可的情况下，让母猪有适量的运动。

（3）妊娠母猪对高温敏感，夏季应做好防暑工作，使舍内温度尽量不超过24 ℃。

（4）在产前40 d和15 d，对母猪接种大肠埃希菌疫苗（一般在产前3～4周可以接种疫苗，以保证产后仔猪通过母乳获得母源被动免疫）。

3. 妊娠舍日常工作

（1）采用单栏饲养，定时、定量饲喂母猪，最大限度地控制母猪饲料摄入量，节省饲料成本，避免母猪因抢食而咬架，减少机械性流产和仔猪出生前的死亡。

（2）做好粪污的清扫工作，对空出的圈舍进行清洁消毒。妊娠舍要求卫生清洁，地面不要过于光滑，要有一定的坡度以便于冲洗。

（3）调节舍内空气环境，舍内温度控制在15～20 ℃，防止高温应激。舍内温度超过32 ℃时，会导致胚胎死亡或母猪中暑流产。

（4）母猪产前1个月，按免疫程序注射相应疫苗。根据本地区传染病流行情况，在妊娠后期进行疫苗接种，并进行体内外寄生虫的驱除，防止疾病传播给仔猪。

（5）将临产前1周的母猪冲洗消毒后转入产仔舍等待分娩，使母猪熟悉环境，利于分娩；但是不要转入过早，防止污染环境。冬季要用温水冲洗，使用0.1%的高锰酸钾溶液（35～38 ℃）进行全身沐浴消毒，并注意母猪乳房的消毒。母猪身体干燥后进入产房待产。

（6）填写妊娠母猪记录表，登记转入和转出的母猪，以反映存栏和周转情况（表8-6）。

表8-6 母猪状态统计结果

<table>
<tr><td colspan="2">日期</td><td colspan="2">栋别</td><td colspan="2">饲养员</td><td colspan="2" rowspan="3">环境状况</td><td colspan="2">温度</td><td colspan="4">耗料</td></tr>
<tr><td colspan="2" rowspan="2"></td><td colspan="2" rowspan="2"></td><td colspan="2" rowspan="2"></td><td>最高</td><td>最低</td><td>早</td><td>晚</td><td colspan="2">合计</td></tr>
<tr><td></td><td></td><td></td><td></td><td colspan="2"></td></tr>
<tr><td></td><td colspan="2">返情流产状况</td><td colspan="11">猪群存栏</td></tr>
<tr><td>品种</td><td>返情</td><td>流产</td><td>空怀</td><td>期初</td><td>转入</td><td>累计</td><td>转出</td><td>累计</td><td>死亡</td><td>累计</td><td>淘汰</td><td>累计</td><td>期末</td></tr>
<tr><td>长白</td><td></td><td></td><td></td><td></td><td></td><td></td><td></td><td></td><td></td><td></td><td></td><td></td><td></td></tr>
<tr><td>大白</td><td></td><td></td><td></td><td></td><td></td><td></td><td></td><td></td><td></td><td></td><td></td><td></td><td></td></tr>
<tr><td>杜洛克</td><td></td><td></td><td></td><td></td><td></td><td></td><td></td><td></td><td></td><td></td><td></td><td></td><td></td></tr>
<tr><td>累计</td><td></td><td></td><td></td><td></td><td></td><td></td><td></td><td></td><td></td><td></td><td></td><td></td><td></td></tr>
<tr><td colspan="2" rowspan="2">死淘记录</td><td colspan="12">其他记录</td></tr>
<tr><td colspan="12">（包括发病猪头数、症状、用药及其他重要工作记录）</td></tr>
</table>

4. **驱虫与免疫** 每年驱体内外寄生虫4次；按规定注射各种疫苗，并做好记录。

（三）哺乳母猪的繁殖管理

哺乳母猪的管理目标是保证母猪有较高的泌乳量，同时要维持适度的体况，使其断奶后能较快地发情排卵和配种再孕。

哺乳母猪的营养需要特点：母猪泌乳期能量代谢旺盛，对营养物质的需求量大，其营养需要应根据哺育仔猪头数、泌乳量和母猪体重大小合理确定。如猪场全部母猪平均产仔10头，在此基础上每多1头仔猪给母猪加喂饲料0.5 kg。

1. **饲喂**

（1）补充适量青绿饲料，但不可喂得过多，并且应保证卫生。

（2）饲料不宜随便更换，且饲料质量要好，不能喂任何发霉、变质的饲料。

（3）体况好的母猪临产前2～3 d开始减料10%～30%，以防产后泌乳量过多引起仔猪消化不良或母猪发生乳房炎。分娩当天不喂料或少喂料，分娩后第1天喂1.0 kg，第2天喂2.0～2.5 kg，第3天喂3～3.5 kg，5～7 d后增加至哺乳量（2 kg+0.5×带仔数）。断奶前3 d要逐渐减料，以免断奶后发生乳房炎。而对于膘情瘦、体况差的母猪，在分娩前和断奶前则应不减料或少减料。

（4）产后母猪身体虚弱，应以流食为主，逐渐加料，同时喂一定量的麸皮和加有电解质的清洁温开水以防止母猪便秘，3 d后恢复喂料至4.5 kg以上，1周后完全按母猪需要供料。

2. **防止便秘** 新调入产房的母猪易发生便秘，引起无乳综合征，应采取措施加以预防，如多喂青饲料，在饲料中加入人工盐或$MgSO_4$等缓泻剂。

3. **防止哺乳期失重** 妊娠期增重，哺乳期失重属正常现象，失重的多少与母猪的泌乳量、饲料营养水平、采食量有关，因此哺乳过程中，要根据母猪的体况、产奶能力、带仔数来增减采食量，防止母猪哺乳期失重过多造成极度衰弱，影响下次发情配种。哺乳母猪日喂次数调整为3次，有利于其保持食欲。哺乳料中加入适当动物脂肪可减少上述喂量。

4. 保证充足、清洁的饮水　哺乳期母猪需水量大，充足清洁的饮水是正常泌乳的有力保障，饲养员要经常检查饮水器和水的流速，水流速至少要在1 000 mL/min。

5. 保证良好的环境条件　产房以保温为主，但也要注意适当的通风换气，排除过多的水汽、尘埃、微生物、有害气体；但必须防止贼风，同时注意通风气流控制在0.1 m/s以下，且风速均匀、平缓。母猪哺乳时必须保证环境安静，否则对母仔都有不良影响。母猪舍应保持清洁干燥、高床漏缝地板饲养，不宜带猪冲洗网床，床下粪污每天清扫2次，若用水冲则应注意防止水溅到床上。

6. 防暑降温　炎热季节，要增设降温设备和采取降温措施，防止母猪中暑。在保证仔猪温度需要的前提下，将猪舍温度调低至20℃左右，以保证母猪采食量正常。对于食欲不好的母猪，要采取相应的措施增加采食量，如在饲料中加入0.6%～0.8%的Na_2HCO_3，增加饲喂次数，将喂料时间改在清晨、傍晚的凉爽时间。

7. 保护母猪的乳房和乳头　产前对母猪乳头进行清洁消毒，哺乳期间也应保持乳头的清洁卫生。饲养员要注意产床上的异物和突出的尖物，防止母猪乳房被剐伤。母猪的乳腺发育与仔猪的吸吮有很大的关系，特别是头胎母猪，因此所有乳头都应得到均匀的利用。

8. 注意观察　饲养员每天要注意观察猪群，注意母猪的健康状况：乳房是否红肿、发热、坚硬等，是否有无乳症，阴道是否有不正常的排泄物和外阴肿胀，以及食欲、呼吸、粪便等是否异常，是否有便秘等现象。对上述观察中发现的异常应做好各种记录，发现病猪及时治疗。

9. 种猪鉴定　母猪断奶转舍要避免互相咬架，同时技术人员对种猪进行全面鉴定，确定无种用价值的母猪应及时淘汰。

（四）断奶空怀母猪的繁殖管理

断奶空怀母猪指仔猪断奶后至配种前的经产母猪。经产母猪的空怀时间很短，只有5～10 d，一般经产母猪在断奶后1周内即可再次发情。断奶空怀母猪的繁殖管理目标是使母猪尽快恢复体况，促使其正常发情、排卵和受孕，在断奶1周内发情配种，1次情期受胎率在85%以上。

仔猪断奶当天，停喂青绿多汁饲料。母猪下床驱赶时注意避免肢蹄损伤，注意防止转运途中母猪咬架，发现争斗及时制止或用挡猪板隔开。转回配种舍后3 d内注意观察母猪乳房的颜色、温度和状态，发现乳房炎应及时治疗。断奶1周左右，大部分母猪可出现发情，要注意观察，及时安排配种。对于泌乳期间体重损失较大的母猪，应给予特殊饲养，使其体况迅速恢复。

1. **发情鉴定**　发情鉴定的最佳时机是在母猪喂料后0.5 h表现平静时进行，每天进行2次发情鉴定，上、下午各1次。检查采用人工查情与公猪试情相结合的方法。

母猪的发情表现有：阴门红肿，阴道内有黏液性分泌物；在圈内来回走动，频频排尿；神经质，食欲差；压背静立不动；互相爬跨，接受公猪爬跨。

2. **配种**　在1周内正常发情的经产母猪：上午发情，下午第1次配种，第2天上、下午第2、3次配种；下午发情，次日早晨第1次配种，下午第2次配种，第3天下午第3次配种。断奶后发情较迟（7 d以上）的和复发情的经产母猪、初产后备母猪，要早配种（发情即第1次配种），并应至少配种3次。

3. **保持哺乳母猪料**　饲料中添加维生素，高水平添加量为3～4 kg/d，将有利于断奶母猪的发情配种。

（五）新生仔猪的护理

1. 仔猪生理特点

（1）生长发育快，代谢旺盛。

（2）消化器官不发达，消化腺机能不完善，表现为消化酶系统发育较差、消化力弱、食物在胃内排空时间短等。

（3）初生仔猪缺乏免疫抗体，抗病能力较弱，只有吸食初乳后才能建立起被动免疫功能。

（4）体温调节机能不完善，对低温极其敏感，一般仔猪从 7 日龄开始才有调节体温的功能，到 20 日龄该功能才发育完善。

由于以上特点，仔猪在此阶段的培育中发病率、死亡率高，对营养、环境、饲养水平依赖性较强，只有做到科学饲养、精心细致地培育，才有可能获得较高的仔猪成活率和断奶重。

2. 培育目标 哺乳仔猪成活率达 92%以上，哺乳期结束（28 d断奶）时个体平均重 7 kg 以上，而且整齐度较好。

（1）尽快吃足初乳仔猪在生后 12 h 内可以直接吸收大分子的免疫球蛋白，特别是在出生 2 h 内吸收作用较强，但以后越来越弱，所以喂初乳最晚不超过 2 h。接产后，应立即帮助仔猪吃上初乳，而且应保证每头仔猪都吃到足够的初乳。仔猪吃乳前，整个乳房区用 0.5‰的高锰酸钾溶液消毒。

（2）剪牙、称重、打耳号 仔猪出生 24 h 内要称重、剪牙、断尾、打耳号。仔猪有 8 枚獠牙，应从根部全部剪掉，断面要平整，且不要伤到牙龈。断尾时以留下 2～3 cm 为宜，断端用 5%的碘酊消毒。

（3）固定乳头 仔猪生后 2～3 d 进行人工辅助固定乳头。由于前面的乳头分泌乳量较大，所以把初生重小的弱仔猪固定在前面的乳头吮乳，初生重大的放在后面，这样可以使整窝猪长得比较均匀。如果母猪乳头较多，可训练仔猪吮吸其中两个乳头，避免空出的乳头变成瞎乳头。

（4）防寒保暖 哺乳仔猪体温调节能力差，怕冷，所以应观察仔猪的活动，及时做好防寒保暖工作，尤其是寒冷冬季。适宜温度：仔猪出生后 1～3 d 为 30～32 ℃，4～7 d 为 28～30 ℃，15～30 d为 22～25 ℃。要保证躺卧区的温度，否则仔猪下痢会增多，感冒、肺炎以及压死、饿死等数量也会增加。在仔猪躺卧处铺上橡胶、木板、麻袋等导热差的材料做成的垫子，最好用专用电热垫，防止仔猪腹部受凉。

（5）寄养　几头母猪同期产仔时，对于产仔头数过多、无奶或少奶母猪所产的仔猪，以及母猪产后因病死亡的仔猪，要及时寄养，以提高仔猪成活率。寄养时要注意以下问题，保证被寄养的仔猪一定要吃到初乳。

① 实行寄养的母猪产期一定要接近，最好不超过 3～4 d，并注意寄养的仔猪体重与原窝仔猪的体重不应相差太大，否则不易寄养成功。

② 寄养母猪必须泌乳量高、性情温顺、哺乳性能强。

③ 猪的嗅觉特别灵敏，为了寄养成功，一般在夜间将被寄养仔猪混入猪群，可将被寄养仔猪身上涂抹养母的奶或尿等方法，使被寄养仔猪与养母所产的仔猪有相同气味。

④ 同窝仔猪过多时，一般选择身体强壮的个体进行寄养，而弱仔猪应留在亲生母亲处饲养。

（6）补铁　为预防仔猪发生缺铁性贫血，仔猪出生后 3～4 d 要补 150～200 mg 铁剂。

（7）补水　母乳含脂率高，而仔猪新陈代谢旺盛、生长发育迅速，所以仔猪需水量大。仔猪一般出生后 3 d 开始训练其使用饮水器，以免仔猪因口渴喝脏水而造成下痢。

（8）补料诱食　仔猪 7 日龄左右开始补料，用香甜的颗粒饲料或专门配制的全价诱食料，引诱、训练仔猪提前认料，以促进其消化器官的发育和消化机能的完善，对以后仔猪适应固体饲料、减少断奶应激和补充仔猪因母猪泌乳量下降造成的营养不足等有很大的好处。料槽要保持清洁，少添勤添，保持饲料新鲜，每天添料 4～5 次，晚间补添 1 次。

诱食方法：

① 将诱食料撒在仔猪经常活动的地方，让仔猪自己在探索中逐渐学会吃料。但要注意不能在诱食料投放后便不再查看，否则诱食料发霉变质会造成仔猪中毒下痢，或感染其他疾病。

② 如果仔猪几天后仍然不吃料，可采取强制诱食。方法是将饲料调成面粥，抹在仔猪嘴边或用奶瓶逐头喂料，但不可一开始就喂得太多，防止剩余饲料发霉，奶瓶应时刻保持干净。

③ 仔猪开食后要控制好喂料量，根据采食情况增减，保证每天饲料新鲜，并以少食多餐为原则。

（9）去势 15 日龄之前完成非种用小公猪的去势，去势要彻底，切口不宜太大，术后用 5%的碘酊消毒创口。小公猪去势术适用于出生后 1～2 月龄、体重 5～20 kg 的健康小公猪。

① 保定 左侧横卧保定，术者右手握住猪的右后肢，将猪提起，左手抓住猪右侧膝盖部，向前摆动猪头部，使其左侧卧于地上；左脚踩住猪颈部，猪背朝术者，把猪尾拉向臀部，用右脚踩住猪尾根。

② 消毒 猪阴囊部用消毒液清洗，然后涂碘、脱碘。

③ 固定睾丸 术者左手掌外缘将猪的右后肢压向前方，中指屈曲压在阴囊颈前部，用拇指及食指将睾丸固定在阴囊内，使睾丸纵轴与阴囊纵轴平行。

④ 切开阴囊及总鞘膜 术者右手持刀，沿阴囊缝际外侧 1 cm 左右切开与缝际相平行的阴囊壁和总鞘膜，露出睾丸，切口长度以能挤出睾丸为适宜，切断鞘膜韧带露出精索，挤出睾丸。（另一侧采用同样方法）

⑤ 摘除睾丸 术者左手固定精索，右手将睾丸精索牵断，摘除睾丸。术部涂碘酊，切口不需缝合。（另一侧采用同样方法）

（10）防止物理性损伤 仔猪称重、打针、转群等要轻拿轻放，防止肢蹄损伤。

（11）加强管理 防止仔猪被母猪压踩。

（12）预防腹泻 出生仔猪抗病能力差，消化机能不完善，易发生腹泻，且严重危害仔猪的成活。因此，要做好各种预防工作，尽量减少腹泻的发生，对患病仔猪要及时诊断治疗。腹泻的原因较为复杂，但总的来说，主要由消化不良、环境应激和病原菌引起，如仔猪过食或感染大肠埃希菌，轮状病毒病、传染性胃肠炎和球虫病等都会导致腹泻。腹泻的预防措施主要是：

① 保持圈舍的清洁卫生，定期消毒。

② 执行严格的全进全出制度。

③ 做好保温防寒工作，降低产仔舍湿度，减少气温变化的应激。

④ 仔猪料熟化处理并加入益生素或各种有机酸（如柠檬酸、乳酸等，但仔猪 40 日龄后不宜添加）。

⑤ 有针对性地进行免疫接种，减少仔猪断奶应激。仔猪断奶前后的工作十分关键，应当尽量减少仔猪的断奶应激。通常情况下，猪一生中受到的最大应激就是断奶造成的应激，这也是刚断奶仔猪死亡率较高的一个重要原因。要减少断奶应激，必须在断奶前就开始考虑饲料的过渡，逐渐增加断奶后的饲料的比例，直到断奶后 1 周左右才完全采用保育期饲料；断奶时环境逐渐过渡也很重要，一般在仔猪断奶后赶走母猪，仔猪留原圈饲养 1 周后再转群，结合同窝仔猪同圈饲养的群组方式，可以大大减少断奶的应激。另外，尽量避免在断奶后 1 周进行免疫接种；圈舍冲洗工作推迟到仔猪转入保育舍后进行；断奶后 1 周内继续提供较高的温度，降低舍内湿度和有害气体的浓度。这些都会对仔猪的生长发育和健康产生积极的影响。

（13）防止断奶应激 仔猪在 3～4 周断奶、不换料，有条件的猪场，仔猪断奶后可留在产房过渡 3～5 d 后再转入保育舍，避免因环境突然改变而加剧断奶应激。

六、母猪背膘测定与精准饲喂

有条件的猪场可以用背膘仪来测定母猪背膘厚度，适宜配种的母猪的背中部背膘厚度为 16～18 mm。母猪过肥，脂肪浸润卵巢或包埋在卵巢周围，会影响卵巢功能，引起母猪发情、排卵异常，不发情或排卵少，甚至不孕。

1. 测定背膘 猪最后一根肋骨处距背中线 6.5 cm 处的背膘厚度。

2. 精准饲喂 就是精确喂养妊娠母猪，以提高经济效益和减少对环境的影响。

（1）断奶至配种 后备猪在配种前 14 d 开始及经产母猪从断奶到配种，饲喂高蛋白、高能量母猪专用饲料。

（2）妊娠 0～30 d 用妊娠母猪前期饲料，配种当天不喂，配种前 3 d 喂 1.3～1.8 kg 饲料，以后每头每天喂 2 kg 左右，不能多喂。

（3）妊娠 30～75 d 根据母猪的膘情调整饲喂的数量，使用妊娠母猪前期饲喂的、营养均衡的低能量饲料，每天喂 2～2.5 kg 为宜。

（4）妊娠 75～95 d 使用妊娠母猪前期饲喂的、营养均衡的低能量饲料，每天喂 2.5 kg 左右为宜。

（5）妊娠 95～112 d 每天喂 2.5～3.5 kg 妊娠后期饲料——高能量、高蛋白饲料。

（6）产前 3 d 至产后 5 d 产前 3 d 开始减料，每天减 0.5 kg，预防产科疾病；分娩当天不喂料，仅饮麸皮盐水汤；产后增料，以 2 kg 为基数，每天增加 0.5 kg，至产后 8 d 可自由采食，饲喂泌乳母猪专用饲料。

（7）产后至断奶 饲喂高蛋白、高能量的泌乳母猪专用饲料。母猪产后 8 d 自由采食，也可以 2～2.5 kg 为基数，每头仔猪增加 0.5 kg 饲料。

北方冬季圈舍温度达不到 15～25 ℃时，可以增加日粮供给量 10%～20%。

思考题

1. 后备母猪短期优饲的作用有哪些？
2. 妊娠母猪管理要点有哪些？
3. 分娩前后母猪饲喂有哪些注意事项？

第九章 CHAPTER 9 母猪定时输精

[简介] 定时输精是生猪批次化生产的基础。本章重点介绍定时输精技术原理、分类，配套激素及其使用方法，以及定时输精技术在应用过程中的注意事项，便于工作人员更好地将定时输精技术应用于批次化生产。

一、定时输精的概念与原理

(一) 定时输精原理

母猪同期发情定时输精技术是利用外源生殖激素，人为调控母猪群体的发情周期，使之在预定时间内同期发情、同期排卵，并进行同步输精的技术。同期发情定时输精技术的核心是性周期同步化、卵泡发育同步化、排卵同步化和配种同步化（图 9－1）。

1. 性周期的同步化　性周期同步化是母猪群进行定时输精的基础。母猪性成熟后，在未配种、妊娠、哺乳条件下，每隔一定时间出现发情表征并呈周期性变化。母猪发情周期一般为 18～23 d，平均为 21 d，期间卵泡和黄体在卵巢上交替出现。自然状态下，一群母猪中的个体随机处于发情周期中的某一阶段，并在 21 d 内陆续发情、排卵。母猪性周期同步化就是通过外源激素处理或者同时断奶等操作，使猪群的性周期达到相对一致的状态，为后续母猪同一时间点集中发情做准备。

目前，后备母猪的性周期同步化通常采用饲喂烯丙孕素实现。

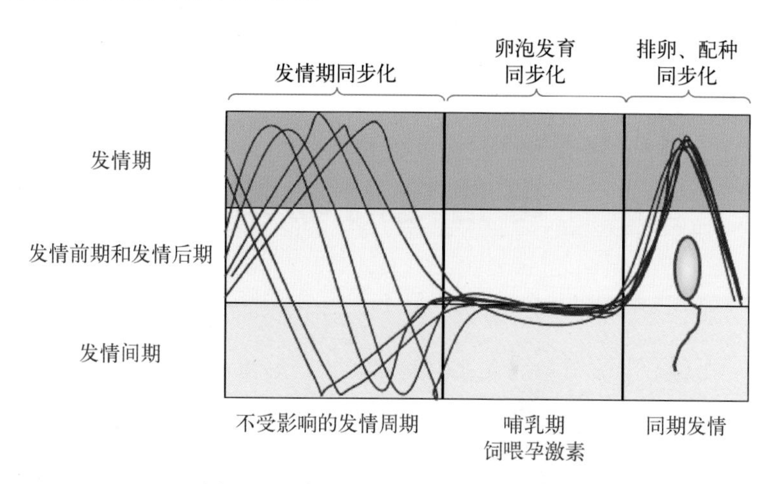

图 9-1　定时输精技术的同步化过程

烯丙孕素是一种黄体酮类似物，每天口服相当于人为延长母猪黄体期，抑制母猪发情，使后备母猪性周期同步至黄体期后的小卵泡阶段。而停喂烯丙孕素之后，母猪便开始重新启动性周期，达到性周期同步化的效果。对经产母猪而言，母猪分娩后的仔猪吮乳会抑制促性腺激素的分泌，从而导致卵巢卵泡生长发育受阻。断奶后，由于仔猪对乳头及乳房的强烈刺激消失，使催乳素（PRL）浓度迅速下降，解除了对下丘脑释放 GnRH 的抑制作用。下丘脑开始有节律地释放 GnRH，刺激垂体释放 FSH、LH，促进卵巢卵泡同步生长发育，从而达到母猪群的性周期同步化。

2. 卵泡发育同步化　卵泡的生长发育受到许多内分泌、旁分泌和自分泌因素的共同调控。后备母猪性成熟后，卵巢对促性腺激素非常敏感，黄体溶解后在 GnRH 调节下，卵泡开始发育。而经产母猪在哺乳时，由于高浓度的 PRL 使卵泡的发育受到限制，只形成 1 个由 30～50 个直径为 2～4 mm 卵泡组成的卵泡波，但并不能继续发育。断奶后没有仔猪的吮吸刺激，PRL 的浓度下降，解除对下丘脑的抑制，小卵泡开始发育至中等卵泡。虽然后备母猪通过饲喂烯丙孕素、经产母猪通过断奶可实现性周期同步化，但在实际生产中，母猪个体的营养、激素水平差异较大，卵泡发育速度并不完全一致，导致母猪在1周左右的时间里分散发情。因此，生产上通常采用注射孕马血清促性腺激素（PMSG）来促进母猪卵泡同步发育（图9-2）。

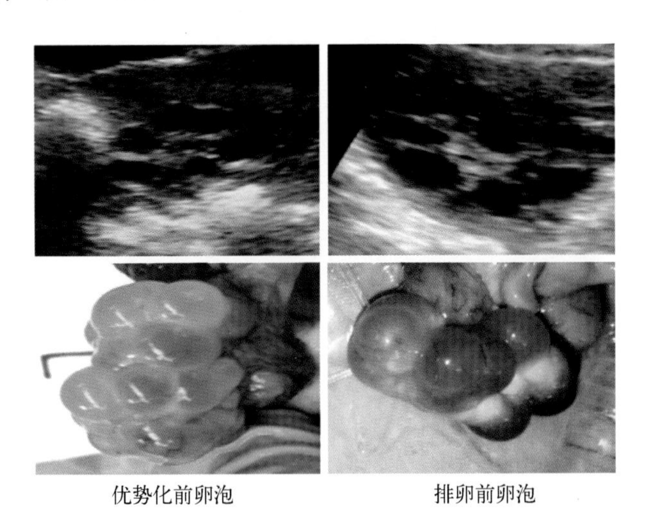

优势化前卵泡　　　　排卵前卵泡

图9-2　不同阶段的卵泡形态及其B超图像

3. **排卵同步化**　排卵同步化是定时输精的关键。随着卵泡的发育，大卵泡雌激素分泌水平逐渐提高，抑制垂体FSH的释放，同时促进LH的释放，形成排卵前的LH高峰，引起卵泡成熟和排卵。LH受到下丘脑分泌的GnRH调控，注射外源GnRH及其类似物可以有效地促进LH分泌，促进优势卵泡的最后成熟和排卵，最终达到排卵同步化。为了实现母猪群体定时输精，常用的促排卵药物有戈那瑞林（GnRH）、促黄体素（LH）、人绒毛膜促性腺激素（hCG）。其中，GnRH可作用于垂体，引起内源性LH的合成并分泌，使LH的分泌更接近其生理学规律。母猪在GnRH处理后40 h左右发生排卵，与目前其他促排卵激素相比，GnRH在定时输精程序中诱导母猪同步排卵效果最佳（图9-3）。

4. **配种同步化**　配种同步化依据排卵时间而定，排卵同步化是配种同步化的前提。精子在母猪生殖道内可以存活约48 h，但具

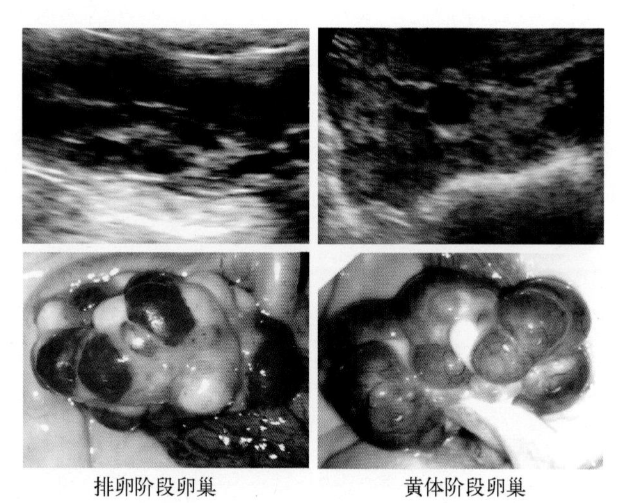

图 9-3　排卵阶段与黄体阶段的卵巢及其 B 超图像

有受精能力的时间只有 24 h 左右，卵子在输卵管中保持受精能力的时间仅有 8～12 h。因此，精子和卵子在都具有受精能力的时间内相遇，配种才能成功。大量研究表明，在注射 GnRH 后 24 h、40 h 分别输精 1 次，可使母猪达到理想的妊娠效果。

（二）定时输精技术与批次化生产工艺流程

定时输精是母猪批次化管理的基础。利用定时输精技术可使母猪的发情配种环节更集中，结合同期分娩、同期断奶技术，使母猪的繁殖生产形成节律。依据母猪群规模、繁殖指标、猪场栏位设计等因素，将母猪分成若干群，按照批次组织生产，即形成母猪群的批次化生产（图 9-4）。

实际生产中，采用 21 d 哺乳期的猪场，其母猪繁殖周期为 20 周（114 d 妊娠＋3 周哺乳＋1 周配种），可选择 1、2、4、5 周批的批次化生产模式。如母猪哺乳期为 28 d，则繁殖周期为 21 周（114 d 妊娠＋4 周哺乳＋1 周配种），可选择 1 周批、3 周批。不同的批次设计，配套生产指标、产床等如表 9-1 所示。还有部分猪场根据

批次化生产模式

①各阶段猪舍能实现全进全出，消毒更彻底，疫病交叉传播风险明显降低。
②提高仔猪均匀度，提高免疫效率和仔猪健康程度。
③有效防控母猪发生繁殖障碍，提高母猪繁殖效率。
④提高猪场的生产管理效率。
⑤改善员工福利，形成休假制度。

图 9-4　不同生产模式优缺点对照

实际情况采用非整周批，在此不做详述。猪场哺乳天数的设置与产床空闲时间的需求，取决于母猪的哺乳能力、仔猪的健康状况、猪场大环境等。母猪哺乳能力、仔猪健康状况都较好的猪场，可选择 21 d 断奶，相反则可将哺乳期延长至 28 d。

表 9-1　20 周繁殖周期批次设置（母猪存栏：n 头）

项目		1 周批次	2 周批次	4 周批次	5 周批次
全群分组数		20	10	5	4
每批次产床数（个）		$n/20$	$n/10$	$n/5$	$n/4$
需要产床数（组）		4 或 5	2	1	1
产床空闲间隔期（周）		1 或 2	1	1	2
假设 n=1 000	每批上床数量（头）	50	100	200	250
	共需产床数（个）	200 或 250	200	200	250

注：1 周批产床组数取决于空床时间。

相比于传统自繁自养的猪场，批次化生产作为一种母猪繁殖的高效管理体系，使生产管理更加规范化，解决了猪场生产不稳定、管理难的问题，达到全进全出的目的。通过批次化生产使猪场各项繁殖工作集中、分批次进行，便于对繁殖问题的分析和判断，提高生产成绩。批次化生产仔猪可及时有效地寄养，能够确保仔猪生长更整齐，实现全进全出，并有利于猪舍全面彻底消毒。同一批次的猪群，统一接受免疫接种和保健，可避免交叉感染，提高整个猪群健康水平。此外，批次化生产有利于形成休假制度，改善猪场人员福利。

表 9-2　21 周繁殖周期分组与栏位设置（母猪存栏：*n* 头）

项目		1 周批次	3 周批次	7 周批次
全群分组数		21	7	3
每批次产床数（个）		*n*/21	*n*/7	*n*/3
需要产床数（组）		5 或 6	2	1
产床空闲间隔期（周）		1 或 2	2	3
假设 *n*=1 000	每批上床数量（头）	48	143	333
	共需产床数（个）	240 或 285	285	333

（三）定时输精常用激素

1. **烯丙孕素**　又称四烯雌酮，是一种人工合成的、口服型、具有生物活性的孕激素，与天然孕酮的作用模式相似，可抑制内源促性腺激素 FSH 和 LH 的释放，使母猪卵泡发育阻滞，导致处理期间母猪乏情（图 9-5）。烯丙孕素除有孕激素活性外，还有少量雌激素作用，两种作用协同促进子宫发育，增加子宫体积，有利于提高母猪产仔数。目前，烯丙孕素主要应用于批次化生产中后备母猪和乏情经产母猪的同期发情，在欧美国家使用方法略有不同。法国和德国部分地区偏向于每天饲喂量为 20 mg/头，连用 18 d；北美推荐用 15 mg，连用 14 d。如果知道母猪处于发情周期的某一个阶段，那么更短时间地饲喂烯丙孕素也具有可行性。在我国规模化猪场中，通常对达到配种要求的健康、适龄后备母猪，连续 18 d 拌料或通过饲喂枪定量饲喂烯丙孕素 20 mg（1 头猪 1 d 喂量），可有效抑制卵泡的生长发育。当停止饲喂烯丙孕素后 5～7 d，母猪集中发情。

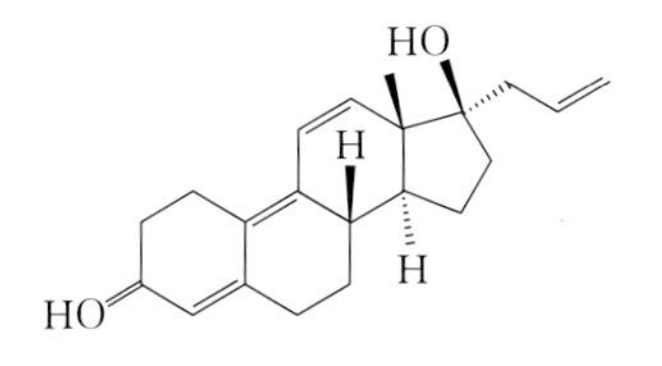

图 9-5　烯丙孕素分子式

2. 孕马血清促性腺激素（PMSG/eCG）　又称马绒毛膜促性腺激素，在畜牧生产上有明显的促卵泡发育的作用，同时有一定的促进排卵和黄体形成的功能，被广泛应用。在应用定时输精技术的过程中，基于母猪性周期同步化，可采用肌内注射 PMSG 促进卵巢上小卵泡的同步发育。PMSG 在诱导卵泡发育与发情时效果差异较大，不仅与药物剂量及活性有关，与母猪个体差异及饲养管理环境也有关系。因此，在使用 PMSG 时，或可以针对不同猪场、不同生理状态的母猪进行预试验，以确定对母猪的最佳使用剂量。国外在应用定时输精技术过程中，后备母猪肌内注射 PMSG 剂量通常为 800～1 000 IU，经产母猪注射剂量为 600～1 000 IU。由于国内同类产品活性或生产标准不同，为确保定时输精效果，后备母猪和经产母猪推荐注射剂量均为 1 000 IU。

3. P. G. 600　将人绒毛膜促性腺激素（hCG）与 PMSG 进行组合也可用于促进母猪的卵泡发育和诱导发情。目前在欧美等国家推荐使用的组合为 P. G. 600，即 400 IU eCG＋200 IU hCG，研究表明 P. G. 600 可以有效诱导和同步后备母猪的发情，且不影响妊娠母猪的胚胎存活率。哺乳母猪在断奶后注射 P. G. 600，能够缩短断奶到发情的时间间隔，断奶后 8 d 内具有更高的发情率。

4. 促性腺激素释放激素及其类似物　目前市场上销售的戈那瑞林即为人工合成的 GnRH 药物，与哺乳动物下丘脑分泌的 GnRH天然提取物具有完全相同的结构，在国内母猪定时输精程序中通过肌内注射的方式给药，按 100 μg/头，使用后立即引起母猪血浆 LH 和 FSH 水平的升高，并于注射后 40 h 排卵，具有促进母猪集中排卵的效果。虽然使用 hCG、LH 等激素也能诱发母猪排卵，但实际上，使用 GnRH 促进母猪体内 LH 分泌更具有正常的生物学特性。通过 GnRH 促进 FSH 和 LH 协同分泌，具有促进卵泡最后成熟和排卵的作用，对提高母猪排卵数、调整排卵时间以及排卵同步化具有决定性的作用。

目前，国外已经开发应用生理功能与 GnRH 相似、结构更稳定的 GnRH 类似物，如布舍瑞林、戈舍瑞林、曲普瑞林等以取代戈那瑞林，从而获得更好的排卵效果。除肌内注射处理外，近年来研究表明，可以通过阴道胶的方式对母猪使用 GnRH 类似物曲普瑞林（商品名 OvuGel），这一方法已在生产中被证明可以使经产母猪达到同步化排卵的作用，这种改善断奶母猪繁殖力的方法，可以提高猪群整体（特别是初产母猪）的繁殖力。

5. **人绒毛膜促性腺激素**（hCG） 在生产中作为一种 LH 类似物用于诱导排卵，可直接作用于卵巢并且不受内源性垂体激素 LH 水平的限制。hCG 在注射后 42 h 左右诱导母猪集中排卵，在母猪断奶后 80 h 注射 hCG，可以缩短经产母猪断奶后到发情的间隔。但是随着 hCG 剂量的增加，卵泡囊肿出现的概率也逐渐提高。此外，母猪配种后注射 hCG，可以促进母猪早期妊娠雌激素和孕酮的合成和分泌，有利于提高母猪的妊娠率和分娩率，并可以改善夏季初产母猪的生育能力。

6. **猪促黄体素**（pLH） 与 hCG 相似，作用于卵巢，也不受内源性垂体 LH 水平的影响，一般在注射后 38 h 左右诱导母猪排卵。研究发现输卵管也存在 LH 的受体，表明 LH 除了引起卵泡破裂和黄体化外，在调控输卵管收缩方面也具有重要作用，这对于精液在生殖道的运行具有重要意义。

二、定时输精的主要方法及其操作过程

目前，批次化生产有两种类型，一种是以法国为代表的法式批次化生产，其核心是简式定时输精技术，使得母猪性周期同步化，但仍基于发情鉴定进行输精；另一种是以德国为代表的德式批次化

生产，其核心是精准定时输精技术，应用外源激素，更加精准地调控母猪的性周期、发情和排卵，可省去发情鉴定，并且在固定时间进行定时输精。

（一）简式定时输精

简式定时输精的核心是母猪性周期同步化。对 220～230 日龄后备母猪采用连续 18 d 饲喂烯丙孕素，最后一次饲喂后，采用公猪诱情、查情，母猪一般在 5～7 d 后相对集中发情，配种时间根据母猪发情情况确定；经产母猪则利用统一断奶的方法来达到性周期同步化，不需要外源激素处理，根据公猪查情确定配种时间。

（二）精准定时输精

精准定时输精是在简式定时输精的基础上，采用多种生殖激素配合，以实现调控的精准性。后备母猪饲喂烯丙孕素 18 d，达到性周期同步化，停喂后 42 h 肌内注射 PMSG，间隔 80 h 肌内注射 GnRH，母猪无论发情与否均在注射 GnRH 后、间隔 24 h 和 40 h 分别进行配种。经产母猪在断奶 24 h 后肌内注射 PMSG，间隔72 h 肌内注射 GnRH，母猪无论发情与否均在注射 GnRH 后、间隔 24 h 和 40 h 分别进行配种。若在注射 GnRH 的同时和第二次输精 24 h 后增加 2 次查情，根据提前或延后发情情况增加 1 次配种，在一定程度上可提高母猪受胎率。

（三）不同定时输精技术的优缺点

简式定时输精与精准定时输精的主要区别在于精准定时输精需要多种生殖激素配合以达到在预期时间点进行同步配种，不需要大量繁杂的发情鉴定工作，但对母猪的体况、饲养环境及工作人员有较高要求；简式定时输精技术仅使用烯丙孕素处理，然后进行常规发情鉴定、适时配种，机体受到激素干预较少，生产成本更低。尽管精准定时输精的激素处理成本高于简式定时输精，但其避免了因后备母猪隐性发情而造成的漏配，作为一项管理措施，可优化猪场生产管理方式，生产更加可控，执行力强，可提高生产效率、节约人力成本、增加经济效益。

三、定时输精在母猪繁殖中的应用

下面以精准定时输精为例，详述定时输精在后备母猪和经产母猪中应用的具体程序。

（一）后备母猪定时输精程序

后备母猪经过挑选和调教后，开始烯丙孕素给药处理时记为第1天（D1天），按照烯丙孕素饲喂18 d方案（不低于14 d），一般将最后一次饲喂烯丙孕素安排在周三，周五注射PMSG，可使后续配种操作避开周末。定时输精详细操作流程如下：

（1）挑选220～230日龄或体重115 kg以上有过情期的后备母猪进入待处理群。

（2）连续3 d，每天下午2:00，用定量饲喂枪给母猪饲喂果汁，调教其适应饲喂枪口服给药。

（3）D1天至D18天，每天下午2:00，用定量饲喂枪给母猪饲喂烯丙孕素20 mg（5 mL）/头，连喂18 d。饲喂期间记录可能影响母猪后续发情配种的各种因素，如吐药、不吃料、外阴红肿、腹泻、子宫炎等。

（4）D20天上午8:00，最后一次饲喂烯丙孕素后42 h，每头母猪肌内注射PMSG 1 000 IU。

（5）D23天下午4:00，PMSG后80 h肌内注射GnRH 100 μg。

（6）D24天下午4:00和D25天上午8:00，注射GnRH后24 h、40 h，定时输精2次。

（7）若采用两点式查情，可在D23天下午4:00和D26天上午8:00，增加2次发情检查，对提前发情和延后发情的母猪增加1次配种。

后备母猪精准定时输精程序如图9-6所示。

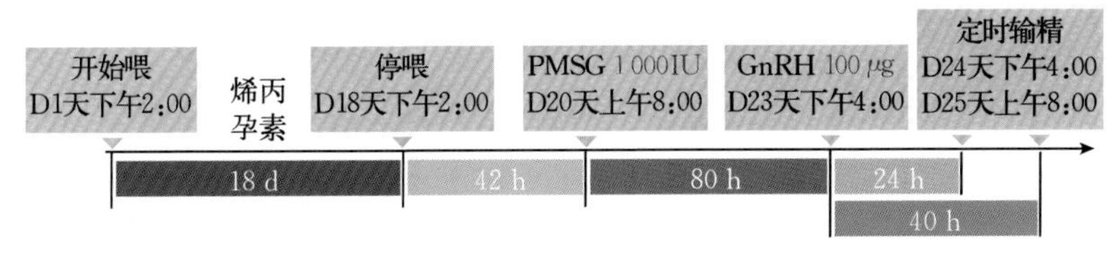

图 9-6　后备母猪精准定时输精程序

(二) 经产母猪定时输精程序

对于 21～28 d 正常断奶的母猪，断奶当天记为第 0 天（D0 天），一般将断奶安排在周四，可使后续配种操作避开周末。经产母猪精准定时输精程序如图 9-7 所示。

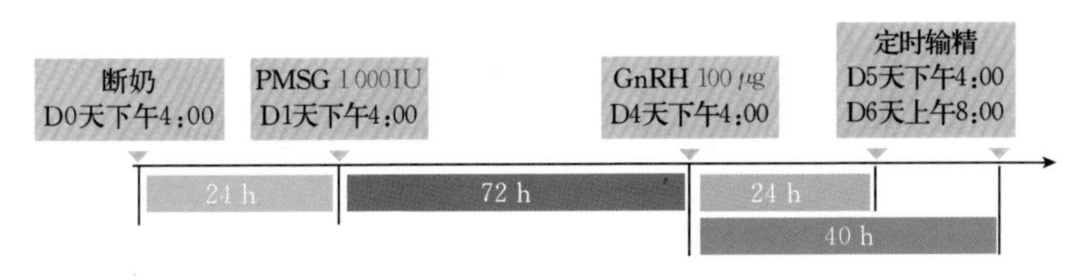

图 9-7　经产母猪精准定时输精程序

（1）D0 天下午 4:00，母猪断奶进入待处理群。

（2）D1 天下午 4:00，每头母猪肌内注射 PMSG 1 000 IU。

（3）D4 天下午 4:00，注射 PMSG 后 72 h，肌内注射 GnRH 100 μg。

（4）D5 天下午 4:00 和 D6 天上午 8:00，注射 GnRH 后24 h、40 h，定时输精 2 次。

（5）若采用两点式查情，可在 D4 天下午 4:00 和 D7 天上午 8:00，增加 2 次发情检查，对提前发情和延后发情的母猪增加 1 次配种。

四、定时输精技术的注意事项

(一) 选择合适的定时输精程序

对于批次化生产相对粗放、激素使用控制严格、繁殖生产水平较高的养猪企业，可采用简式定时输精程序，适当提高猪场批次生产整齐度。而对于批次化生产要求和生物安全防控标准较高，且员工执行力较强的规模化猪场，为实现全进全出、提高母猪繁殖效率、改善猪群健康水平、降低工人工作强度及人力成本、降低饲养成本，更适合采用精准定时输精程序。技术人员在对母猪进行定时输精处理时，必须严格按照规定的时间和剂量注射激素，对饲喂烯丙孕素及注射其他激素出现外溢时，必须对母猪适量补充相应激素。

（二）选择和使用合适的激素制剂

定时输精使用的激素应按照纯度高、副作用小、效果稳定的原则进行筛选。后备母猪发情周期同步化一般采用烯丙孕素，其不仅能够有效抑制母猪卵泡的发育，而且与美他硫脲等孕酮类似物相比，能够有效降低仔猪畸形发生率。PMSG、FSH 均能刺激卵泡发育，但 PMSG 提取相对简单，并且价格远低于 FSH。在促排卵激素选择中，虽然 hCG、pLH、GnRH 等都能诱导母猪进行排卵，但与 hCG、pLH 等相比，GnRH 能够直接作用于垂体，刺激垂体合成、释放内源性 LH，促使卵泡排卵时更接近体内生物学效应。另外，定时输精程序所用激素多为蛋白或短肽，保存不当易失活失效，因此激素必须严格按照说明书进行保存。

（三）注重日粮营养平衡和饲养管理

采用定时输精技术进行配种的母猪应根据成年母猪/后备母猪的体况进行饲喂，保障供水清洁、充足，圈舍空气新鲜、温度适合。定时输精技术处理前 15 d 开始对母猪优饲，对配种期母猪提供 14～16 h 的照明，必要时安装自动照明定时器。断奶母猪尽量减小体重损失，确保母猪断奶当天能吃上料，饮水新鲜、清洁，断奶次日让有活力的成年公猪接触母猪，刺激母猪发情。

参与定时输精的后备母猪须经历正常的诱导发情处理，在 210 日龄前应具有发情表现。进行配种时，母猪须达到第 2、3 个情期配种。适配日龄 210～240 日龄，体重 135～145 kg，背膘厚 12～18 mm，具有发情记录 2～3 次，并且母猪按猪场要求已完成疫苗免疫程序。参与定时输精的经产母猪要求断奶时背膘厚为 14～18 mm，无生殖道疾病等。

五、同期分娩

（一）同期分娩的概念、原理与生产意义

1. 同期分娩的概念　分娩是母猪借助子宫和腹肌的收缩，将发育成熟的胎儿及胎膜（胎衣）从子宫中排出体外的生理过程，可分为开口期、胎儿产出期和胎衣排出期三个阶段。分娩的发动是在内分娩和神经等多种因素配合下，由母体和胎儿共同参与完成的。诱发分娩亦称分娩控制，是指在母猪妊娠末期的一定时间里，采用外源激素制剂处理，控制母猪在人为设定的时间范围内分娩、产出正常仔猪的技术。而将诱发分娩技术应用于大群配种时间相近的妊娠母猪，使其集中、提早分娩，则称为同期分娩（图 9－8）。

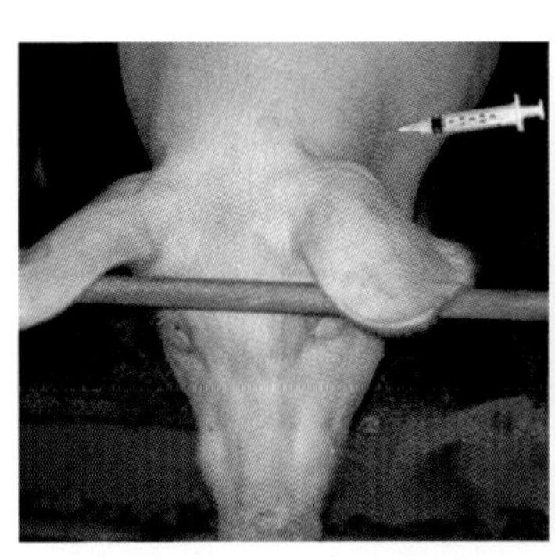
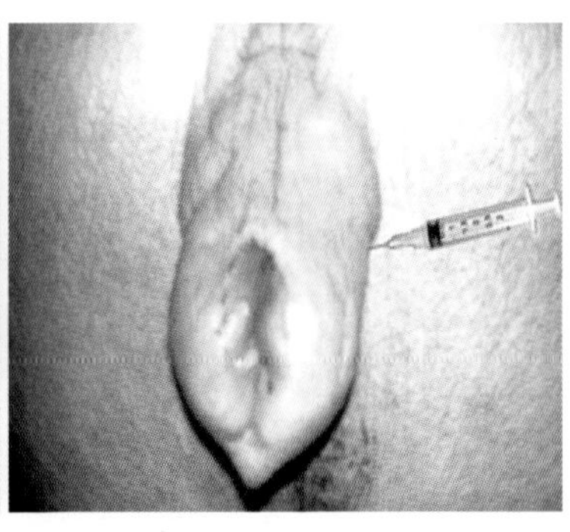

图 9－8　选择颈部、外阴部注射 $PGF_{2\alpha}$ 及其类似物诱导母猪同期分娩

（引自 Kampon Kaeoket，2011）

2. 同期分娩的原理　分娩控制是在充分认识妊娠和分娩机制的基础上，利用外源激素模拟发动分娩的激素变化，调整分娩的过程，达到母猪提早、集中分娩的目的。孕激素、前列腺素、催产素

及其他神经肽和胎儿下丘脑-垂体-肾上腺轴均在分子水平上对分娩发动起作用，其中，黄体组织所分泌的孕激素浓度对维持妊娠起着决定性作用。妊娠期间，孕激素可以维持子宫静止，阻止子宫收缩和宫颈成熟，妊娠末期孕激素作用下降或浓度降低是分娩发动的必要因素之一，若孕酮降至维持妊娠的临界值以下，即可使分娩发动。$PGF_{2\alpha}$具有溶解黄体和收缩平滑肌的作用，对预产期接近的母猪群注射 $PGF_{2\alpha}$能够诱导其集中分娩，是母猪同期分娩最方便、最安全和最有效的激素。

3. 同期分娩的意义

（1）对母猪和仔猪的护理集中进行，从而节省人力和时间，充分而有计划地使用产房及其他设施。

（2）可在预知分娩时间的前提下进行有准备的护理工作，防止母猪和仔猪可能发生的伤亡事故。

（3）有利于建立畜牧业的工厂化生产模式；同时也利于分娩母猪之间进行新生仔猪的调换、并窝和寄养。

（4）可将绝大多数母猪的分娩控制在工作日和上班时间内，以避开假日和夜间值班。

（5）诱导分娩可以减轻新生仔畜的初生重，降低因胎儿过大而发生难产的可能性，适用于母猪骨盆发育不充分、妊娠延期以及本地体格较小的母猪与外来大型品种的公猪杂交后妊娠等情况。

（二）同期分娩常用激素

黄体分泌的孕酮是维持妊娠所必需的，而前列腺素或其类似物可以引起黄体退化。因此，根据母猪的分娩机制，目前常用的诱导母猪同期分娩的激素主要有 $PGF_{2\alpha}$及其类似物、皮质激素及其类似物，此外还有催产素、卡贝缩宫素等。

（三）同期分娩处理过程

根据猪的分娩机制，有两类激素可用于猪的同期分娩：①肾上腺素及其类似；②$PGF_{2\alpha}$及其类似物。猪的有效诱导分娩处理时间一般在妊娠 112 d 后，最好的药物是 $PGF_{2\alpha}$或其类似物。在母猪妊娠 112 d 后，一次肌内注射 10 mg $PGF_{2\alpha}$或 0.2～0.4 mg 氯前列烯醇，母猪一般在处理后 30 h 分娩。早上注射药物，多数母猪在第 2 天的白天分娩。若采用注射氯前列烯醇后 20～24 h 加注 30 IU OXT，其分娩时间会略有提前，并能比较准确地控制分娩的时间。在分娩前数日，先注射孕酮 3 d，每天 100 mg，第 4 天注射氯前列烯醇 0.2 mg，可使分娩时间控制在一定的范围内。

（四）同期分娩注意事项

通过分娩控制有效地改变自发分娩的程度是有限的。根据不同家畜的妊娠期，诱导分娩的时间要适宜，处理时间一般安排在正常预产期结束之前数日内进行。过早诱导分娩，会造成母猪泌乳量减少等不良影响，诱导时间愈早影响愈大。

注射前列腺素可以使分娩开始，母猪一般在妊娠第 114～115 天注射前列腺素。在进行诱导前要先检查母猪的乳房，如果出现乳汁，说明该母猪将要正常产仔，就没必要诱导产仔；如果母猪还要很长时间才能产仔，也不要进行诱导产仔。

母猪一般在注射前列腺素后 22～28 h 内开始产仔。在注射前列腺素 24 h 后，可注射 1 mL 催产素；如果没有开始产仔，就让母猪自己分娩，不再使用任何药物助产。

由于不同母猪个体之间对激素的反应存在差异，因此诱导分娩的时间很难控制在一个狭小的范围内，但能使多数母猪在诱导分娩及激素处理后 24 h 内分娩。

思考题

1. 简述定时输精原理。
2. 简述定时输精的分类及其优缺点。
3. 简述后备、经产母猪定时输精程序的不同之处。
4. 同期分娩的原理及生产意义是什么？

桑润滋，2002. 动物繁殖生物技术［M］. 北京：中国农业出版社.

杨公社，2012. 猪生产学［M］. 北京：中国农业出版社.

杨利国. 2001. 动物繁殖学［M］. 第二版. 北京：中国农业出版社.

张守全，2002. 工厂化猪场人工授精技术［M］. 成都：四川大学出版社.

张忠诚，2004. 家畜繁殖学［M］. 第四版. 北京：中国农业出版社.

赵书广，2013. 中国养猪大成［M］. 第二版. 北京：中国农业出版社.

朱士恩，2009. 家畜繁殖学［M］. 第五版. 北京：中国农业出版社.

Guthrie H D.，2005. The follicular phase in pigs：Follicle populations，circulating hormones，follicle factors and oocytes［J］. Journal of Animal Science，83（13）：79－89.

Jiang X.，Liu H.，Chen X.，et al，2012. Structure of follicle－stimulating hormone in complex with the entire ectodomain of its receptor［J］. Proceedings of the National Academy of Sciences，109（31）：12491－12496.

Ka H.，Seo H.，Choi Y.，et al，2018. Endometrial response to conceptus－derived estrogen and interleukin－1β at the time of implantation in pigs［J］. Journal of animal science and biotechnology, 9 (1): 1-17.

Kaeoket K., Chanapiwat P., 2011. Inducing Farrowing in Sows by $PGF_{2\alpha}$ and Its Analogues [J]. Board of Reviewing Editors (41): 31-37.

Leão R. B. F, Esteves S. C., 2014. Gonadotropin therapy in assisted reproduction: an evolutionary perspective from biologics to biotech [J]. Clinics, 69 (4): 279-293.

Moenter S. M., Brand R. M., Midgley A. R., et al, 1992. Dynamics of gonadotropin-releasing hormone release during a pulse [J]. Endocrinology, 130 (1): 503-510.

Peltoniemi O. A. T., Oliviero C., 2014. Housing, management and environment during farrowing and early lactation [J]. The gestating and lactating sow: 231.

Rozeboom K. J., 2000. Evaluating boar semen quality [J]. Animal Science Facts. Extension Swine Husbandry. College of Agriculture & Life Sciences. North Carolina State University: 1-8.

Yamada K., 2011. Translational Research in Neurodevelopmental Disorders: Development of Etiology-Based Animal Models [J]. Biological and Pharmaceutical Bulletin, 34 (9): 1357-1357.

图书在版编目（CIP）数据

猪繁殖技能手册 / 全国畜牧总站组编 . —北京：中国农业出版社，2020. 8

ISBN 978 - 7 - 109 - 27038 - 1

Ⅰ. ①猪… Ⅱ. ①全… Ⅲ. ①猪—繁殖—技术手册 Ⅳ. ①S828. 3 - 62

中国版本图书馆 CIP 数据核字（2020）第 119047 号

中国农业出版社出版

地址：北京市朝阳区麦子店街 18 号楼

邮编：100125

责任编辑：王森鹤　周晓艳

版式设计：王　晨　　责任校对：赵　硕

印刷：中农印务有限公司

版次：2020 年 8 月第 1 版

印次：2020 年 8 月北京第 1 次印刷

发行：新华书店北京发行所

开本：880mm×1230mm　1/32

印张：5. 5

字数：146 千字

定价：65. 00 元
